职业教育课程改革创新示范精品教

汽车检测技术

李东君　张生强　主　编

北京理工大学出版社
BEIJING INSTITUTE OF TECHNOLOGY PRESS

内容简介

本书主要内容包括：认识汽车检测站、检测汽车动力性能、检测汽车经济性能、检测汽车制动性能、检测汽车操纵性能、检测汽车平顺和通过性能、检测汽车前照灯和车速表、检测汽车环保性能 8 个学习任务 19 个子任务。

本书可供全国各类职业院校、各类交通技工学校、技师学院汽车类专业教学使用，也可作为相关行业培训或自学用书，同时可供汽车检测、汽车维修技术人员阅读参考。

版权专有　侵权必究

图书在版编目（CIP）数据

汽车检测技术 / 李东君，张生强主编 . -- 北京：北京理工大学出版社，2021.1（2025.6 重印）
ISBN 978 - 7 - 5682 - 9468 - 3

Ⅰ.①汽… Ⅱ.①李…②张… Ⅲ.①汽车 - 故障检测 Ⅳ.① U472.9

中国版本图书馆 CIP 数据核字（2021）第 012953 号

责任编辑：孟祥雪	**文案编辑**：孟祥雪
责任校对：周瑞红	**责任印制**：边心超

出版发行 /	北京理工大学出版社有限责任公司
社　　址 /	北京市丰台区四合庄路 6 号
邮　　编 /	100070
电　　话 /	（010）68914026（教材售后服务热线）
	（010）63726648（课件资源服务热线）
网　　址 /	http：//www.bitpress.com.cn
版 印 次 /	2025 年 6 月第 1 版第 2 次印刷
印　　刷 /	定州市新华印刷有限公司
开　　本 /	787 mm × 1092 mm　1/16
印　　张 /	13
字　　数 /	303 千字
定　　价 /	44.00 元

图书出现印装质量问题，请拨打售后服务热线，负责调换

前言

随着我国汽车工业技术的高速发展，汽车行业对汽车专业性人才迫切需求。为了更好的贯彻和落实《国家职业教育改革实施方案》《中国教育现代化2035》《关于在院校实施"学历证书+若干职业技能等级证书"制度试点方案》等文件的精神，适应汽车工业飞速发展和汽车运用与维修专业对人才培养需求，同时，随着新的汽车检测等国标实施，编制汽车检测技术教材迫在眉睫，在北京理工大学出版社的大力支持下，在武汉理工大学、湖北交通职业技师学院、武汉软件工程技师学院、南京交通职业技术学院、武汉市交通学校专家、一线教师的共同努力下编写了本教材。

为满足当前社会需要并结合职业学校学生实际情况，本教材在编写中力图体现以下特色：

1. 面向职教。本书作者均来自教学一线，有多年专业教学经验，能根据职业教育的培养目标，结合职业院校的实际情况编写。

2. 作为职业院校的专业课教材，在总体安排上体现以综合职业能力的培养为中心，理论部分以"必须、够用"为原则，实践部分则突出职业技能的训练和职业素质的培养，选材注重内容的实用性。

3. 本教材共八大任务，19个子任务，注重理论和实践相结合、应知和应会相结合；适时安排课堂互动，每个学习任务后面附有学习拓展。本教材文字简洁，通俗易懂，以图代文，图文并茂，形象直观，形式生动，培养学生的学习兴趣，提高学习效果。

4. 教材编写关注产业发展对人才需求规格与学校培养目标的衔接与交流，重视企业现有操作规程与维修经验的引入。教材体系与内容符合教学规律，反映企业现有设备的操作经验与维修技能。

5. 及时吸收汽车检测技术的新知识和新技术，尽量将国内外最新相关技术、仪器设备和技术规范、标准引入教材，以体现技术上的先进性和前瞻性。

6. 加强针对性和实用性。力求把传授专业知识和培养专业技术应用能力有机结合，使学生的基本素质能够得到提高，同时使学生能够运用所学的基本知识举一反三，触类旁通，为学生今后学习奠定基础，达到学生毕业后能胜任工作岗位的要求。

本教材由南京交通职业技术学院李东君、武汉市交通学校张生强担任主编；武汉市交通学校程宽和李玉娥、湖北交通职业技术学院马进、武汉软件工程职业技术学院郑振担任副主编；武汉湾流科技股份有限公司张靖、上汽通用汽车有限公司武汉分公司秦哲、华胜奔驰宝马奥迪专修连锁店王浩给予大力支持和帮助；全书由武汉理工大学余晨光教授、武汉市交通学校汽车专业教学部周广春主任担任主审。

由于编者的经历和水平有限，教材内容难以覆盖全国各地的实际情况，希望各教学单位在积极选用和推广本教材的同时，注重总结经验，提出修改意见和建议，以便再版修订时改正。

编　者

目录

学习任务1

认识汽车检测站 ······ 1

任务1.1　国内外汽车检测技术的发展现状 ······ 2
任务1.2　汽车检测性能、参数及国家标准 ······ 6
任务1.3　汽车检测站职能、类型及工艺布局 ······ 12

学习任务2

检测汽车动力性能 ······ 23

任务2.1　发动机功率检测 ······ 24
任务2.2　驱动轮输出功率检测 ······ 32
任务2.3　发动机气缸密封性检测 ······ 40
任务2.4　汽车动力性路试检测 ······ 48

学习任务3

检测汽车经济性能 ······ 59

任务3.1　汽车燃油消耗量检测 ······ 60
任务3.2　汽车油耗路试检测 ······ 69

学习任务4

检测汽车制动性能 ······ 75

任务4　检测汽车制动性能 ······ 76

学习任务 5 检测汽车操纵性能 89

  任务5.1 检测汽车转向系统 90
  任务5.2 检测汽车四轮定位 98
  任务5.3 检测汽车侧滑 116

学习任务 6 检测汽车平顺和通过性能 125

  任务6.1 检测汽车车轮动平衡 126
  任务6.2 检测汽车悬架性能 135

学习任务 7 检测汽车前照灯和车速表 145

  任务7.1 检测汽车前照灯 146
  任务7.2 检测汽车车速表 160

学习任务 8 检测汽车环保性能 171

  任务8.1 检测汽车排放污染物 172
  任务8.2 检测汽车噪声 190

参考文献 201

学习任务 1
认识汽车检测站

任务 1.1 国内外汽车检测技术的发展现状

》学习目标《

完成本学习任务后,你应当能:
1. 了解汽车检测技术含义及特征;
2. 了解汽车检测技术发展历程及趋势;
3. 掌握目前我国机动车年检年限及规定。

建议完成本学习任务的时间为 2 个课时。

》学习任务描述《

截至 2019 年年末,全国机动车保有量达 3.48 亿辆,其中汽车 2.6 亿辆,现阶段汽车保有量还不断增加,汽车检测技术越来越受到关注。汽车检测技术对汽车行业的发展以及车辆安全、稳定运行都具有重要意义。汽车检测技术是一门什么样的技术?发展如何?未来发展趋势又是怎样的?

一、资料收集 》》

引导问题 1:什么是汽车检测技术?

随着汽车技术的不断发展,可以依靠各种先进仪器设备,对汽车进行综合检测诊断,而且具有自动控制检测过程、自动采集检测数据等功能,使检测诊断过程更安全、更快捷、更准确。使用现代仪器设备诊断技术是汽车检测与诊断技术发展的必然趋势。

随着现代科学技术的进步,特别是计算机技术的进步,汽车检测技术也飞速发展。汽车检测技术就是依靠各种仪器设备,在汽车使用、维护和修理中,对汽车进行不解体检测,对汽车的技术状况进行检测或工作能力进行检验的一门技术。

汽车在使用过程中,其技术状况发生改变,出现故障是无法避免的。如果能有效利用汽车检测技术,对汽车运行状况进行检测,及时发现故障,并进行维护修理,则可以提高汽车的使用可靠性，避免安全故障的发生，减少不必要的维修费用，提高车辆的使用经济性。

引导问题2：国内外汽车检测技术发展情况如何？

1. 国外汽车检测技术发展概况

汽车检测技术在工业发达国家很早就受到重视，早在20世纪50年代就形成了汽车总成单项检测技术，到了20世纪60年代后开始有了汽车检测站。随着电子设备的广泛应用，传统的"望""闻""问""切"已经不能适应汽车检测与维修的需要。20世纪80年代，不少发达国家的随车诊断功能已经成为汽车电气故障检测诊断的主流，很多小轿车都具有故障自诊断功能。20世纪90年代，汽车自诊断技术飞速发展，出现了OBD-Ⅰ和OBD-Ⅱ车载诊断系统。

各工业发达国家相继建立了汽车检测站，使汽车检测制度化。汽车工业发达国家的汽车检测有一整套的标准和量化指标，对检测设备的性能、精度、具体结构都有严格的规范，对设备的使用周期、技术更新等都做了具体要求。目前国外在汽车检测线上正投入使用的检测和诊断系统，实现了检测、信号采集、处理、打印以及车辆调度一体化，实现了完全自动化汽车检测过程。

近年来，随着汽车新技术的大量应用，国外汽车检测技术的发展更加迅速。总体上讲，工业化发达国家的汽车检测技术，在管理上已实现了"制度化"；在检测技术指标上已实现了"标准化"；在检测技术上向"智能化、自动化"发展。

2. 国内汽车检测技术发展概况

我国汽车工业发展较晚，汽车检测技术的发展也经历了一个渐进的过程。从无到有，从小到大，从引进技术、引进检测设备到自主研究开发推广应用，从单一性能检测到综合检测，取得了很大的进步。在充分肯定国内汽车检测行业发展现状的同时，应当清醒地看到其不足的方面，认清发展方向，应该在汽车检测技术条件规范化、检测设备管理网络化、检测设备智能化和检测人员专业化等方面进行提升。

引导问题3：我国汽车综合性能检测技术发展趋势如何？

1. 实现汽车检测制度化和标准化

在国外，车辆排放控制措施主要是通过车检维护制度来实现的。这一制度包括各种车辆管理机构例行年检，车辆使用者定期检查和维护等，具体情况可因国家、城市不同而异。发达国家在汽车检测方面有一整套标准，受检车辆的技术状况要以标准中的数据为准则。检测结果有量化指标，避免了主观上的误差。由于实现了检测工作的制度化、检测技术的标准化，故不仅提高了检测效率，而且保证了检测质量。

2. 汽车检测设备管理的网络化

截至 2019 年，国内的汽车检测站已经被要求实现计算机联网自动控制。但这种计算机控制仅仅在各站内部实现了网络化。随着通信技术和管理的发展，今后汽车综合性能检测必将向网络化方向发展。汽车综合性能检测站担负着汽车动力性、经济性、可靠性和安全环保等方面的检测，检测项目多且有深度，能为汽车使用、维修、科研、教学和设计等部门提供可靠的技术依据。汽车综合性能检测只有向网络化发展，才能实现信息资源、硬软件资源共享，极大程度地提高管理效率。

3. 汽车检测设备智能化

汽车综合性能检测站配置的主要检测设备有底盘测功机、车速检验台、烟度计、不透光烟度计、废气分析仪、大灯仪、制动检验台和前轮定位仪等。这些设备目前在国内较先进，但随着汽车工业的快速发展，如果汽车检测项目不逐步完善、检测设备不升级换代，就满足不了发展的需要。目前，汽车上所有的传感器均从机械式变成电子式，控制方式也由继电器控制转为计算机控制。因此，国内检测设备生产行业要进一步加大开发研制的投入，建立和改进一批技术开发研究中心，广泛应用计算机技术、高科技显示技术、高精度传感器技术以及电子、光学、声学、理化、机械等多种原理相结合的一体化技术等，促进汽车检测设备向精密化、数字化、自动化、智能化、综合化、专家系统化方向发展。

4. 检测方法更新，促成检测效率提高

根据服务功能的不同，汽车检测站可以分为安全环保检测站、维修诊断检测站、综合性能检测站等。与其他类型的检测站相比，综合性能检测站需要检测的项目较多，完成检测过程需要的时间较长，所以对提高检测效率的期望更加迫切。因此，从事或热心汽车综合性能检测事业的单位和人士，有必要加倍努力，刻苦钻研，从改善工艺布局、改善装备配置、改善控制程序、改善检测手段等方面入手，在确保检测质量的前提下，优化检测过程，缩短节拍时间，不断提高检测效率。

5. 检测人员专业化

目前，大部分综合性能检测站的检测人员素质有待提高，这与汽车技术快速发展，检测设备仪器向网络化、智能化方向发展不相适应。检测站的检测人员只有不断加强学习，通过输送检测人员到专业院校深造，以及加强同行之间的观摩、交流，使所有检测人员都能及时掌握各种检测仪器的操作规程，向专业化方向发展，才能适应形势发展的需要。

引导问题 4：目前我国机动车年检年限及规定有哪些？

（1）小型、微型非营运载客汽车，6 年以内的车辆，每 2 年检测 1 次；超过 6 年的，每年检测 1 次；超过 15 年的，每年检测 2 次。

（2）营运载客汽车5年以内每年检测1次；超过5年的，每6个月检测1次。

（3）载货汽车和大型、中型非营运载客汽车，10年以内每年检测1次；超过10年的，每6个月检测1次。

（4）摩托车4年以内的，每2年检测1次；超过4年的，每年检测1次。

（5）机动车年检（年审）时间根据新车入户的时间而定，如机动车行驶证的登记初始日期是2019年7月，2年后需要定期检验时，机动车所有人提供交通事故强制责任保险凭证、车船税纳税或者免征证明后，可以直接向公安机关交通管理部门申请领取检验标志，无须到检验机构进行安全技术检验。满6年后的每年7月，机动车所有人可以在机动车检验有效期满前3个月内向登记地车辆管理所申请检验合格标志，也就是说如7月参加年审的车辆，可在5、6、7月前往检测线参加年检。

二、评价反馈

对本学习任务进行评价，填写表1-1。

表1-1 评分表

考核项目	评分标准	分数	学生自评	小组评价	教师评价	小计
活动参与	是否积极主动	5				
安全生产	有无安全隐患	10				
现场"5S"	是否做到	10				
任务方案	是否合理	15				
过程	1. 能否正确查阅到信息，并填写信息； 2. 能否说出汽车检测技术的含义； 3. 是否说出汽车年检的年限及规定	30				
任务完成情况	是否圆满完成	5				
工具和设备使用	能否使用互联网查阅汽车检测技术发展历程及趋势相关知识	10				
劳动纪律	是否违反	10				
工单填写	是否完整、规范	5				
总分		100				
教师签名：			年	月	日	得分

三、学习拓展

根据所学的知识，请你和小伙伴一起探讨国内汽车检测技术的发展情况。

任务1.2 汽车检测性能、参数及国家标准

学习目标

完成本学习任务后，你应当能：
1. 掌握汽车检测技术的基本概念；
2. 知道汽车检测的常见类型；
3. 了解汽车检测的诊断参数；
4. 掌握汽车检测最佳诊断周期的确定方法；
5. 了解汽车检测常用的各类国家标准、地方标准、企业标准。

建议完成本学习任务的时间为2个课时。

学习任务描述

汽车检测参数是检测过程显示车辆状态的重要数据，国家法规制度是评定参数是否合理的制度。通过本节学习，学生可以了解国家相关的检测制度及重要评定参数，培养对汽车检测认知的社会能力。

一、资料收集

引导问题1：汽车检测技术基本概念有哪些？

（1）汽车工作性能：汽车动力性、经济性、工作可靠性及安全环保等性能的总称。

（2）汽车技术状况：定量测得表征某一时刻汽车外观和性能参数值的总和。

（3）汽车检测：为确定汽车技术状况或工作性能所进行的检查和测量。

（4）汽车故障：汽车部分或完全丧失工作能力的现象。

（5）汽车故障率：使用到某行驶里程的汽车，在单位行驶里程内发生故障的概率。

（6）汽车故障诊断：在不解体的情况下，确定汽车的技术状况，查明故障部位及故障原因的汽车应用技术。

（7）汽车故障变化规律：汽车的故障率随行驶里程的变化规律。

（8）汽车故障分析：根据汽车的故障现象，通过检测、分析和推理判断，确定故障原因和故障部位。

（9）汽车检测诊断参数：供检测诊断用的，表征汽车、总成及机构技术状况的数值，它是汽车检测诊断技术的重要组成部分。

引导问题2：汽车检测的类型有哪些？

汽车检测有多种分类方法，通常按汽车构成及检测线的服务功能进行分类。

1. 按汽车构成分类

（1）整车检测。整车检测主要包括底盘输出功率的检测、汽车排放污染物的检测、车速表校验、汽车噪声的检测、前照灯检验、汽车防雨密封性试验、汽车外观检视七个方面的内容。

（2）发动机检测。发动机检测主要包括发动机功率、燃油消耗量、发动机密封性能、发动机异响、起动系统技术状况、点火系统技术状况、供油系统技术状况、润滑系统技术状况、冷却系统技术状况九个方面的内容。

（3）底盘及车身检测。底盘及车身检测主要包括传动系统技术状况、转向系统技术状况、制动系统技术状况、行驶系统技术状况、轿车车身整形定位五个方面的内容。

2. 按汽车检测线的服务功能分类

（1）汽车安全性能检测。即对汽车的外观、安全性能和环保性能进行全面的检测，主要包括汽车侧滑、转向、制动、前照灯、噪声和尾气排放状况，确定其是否合格。安全性检测线用于汽车年审检测，为公安交警部门要求；环保尾气检测线用于机动车尾气排放物检测，为环保部门要求。

（2）汽车综合性能性检测。即对汽车的工作能力和技术状况进行全面的检测，同时对不合格项目进行诊断，从而查明故障原因和故障部位。综合性能检测线用于营运车辆定期检测，为交通维修管理部门要求。

引导问题 3：汽车检测诊断参数有哪些？

汽车检测诊断参数是汽车诊断技术的重要组成部分，是表征汽车、汽车总成及机构的数值。汽车的检测与诊断是确定汽车技术状况的技术，不仅要求有完善的检测、分析、判断的手段和方法，而且在检测诊断汽车技术状况时，必须选择合适的诊断参数，确定合理的诊断参数标准和最佳诊断周期。诊断参数、诊断参数标准、最佳诊断周期是从事汽车检测诊断工作必须掌握的基础知识。

1. 检测诊断参数

汽车检测诊断参数包括工作过程参数、伴随过程参数和几何尺寸参数。

（1）工作过程参数。工作过程参数是汽车或汽车总成在工作过程中输出的一些可供测量的物理量和化学量。例如：发动机功率、汽车燃料消耗量、制动距离或制动力。汽车不工作时，工作过程参数无法测量。

（2）伴随过程参数。该参数是伴随工作过程输出的一些可测量参数，例如：振动、噪声、异响、温度等。这些参数可提供诊断对象的局部信息，常用于复杂系统的深入诊断。汽车不工作时，无法测量该参数。

（3）几何尺寸参数。几何尺寸参数可提供总成或机构中配合零件之间或独立零件的技术状况，例如：配合间隙、自由行程、圆度、圆柱度、端面圆跳动、径向圆跳动等。这些参数虽然提供的信息量有限，但却能表征诊断对象的具体状态。

2. 检测诊断参数的选择原则

为了保证诊断结果的可信性和准确性，在选择诊断参数时应遵循以下的原则：

（1）灵敏性：亦称为灵敏度，是指诊断对象的技术状况在从正常状态到进入故障状态之前的整个使用期内，诊断参数相对于技术状况参数的变化率。选用灵敏性高的诊断参数诊断汽车的技术状况时，可使诊断的可靠性提高。

（2）单值性：是指诊断对象的技术状况参数从开始值变化到终了值的范围内，它没有极值；否则对应于同一个检测、诊断参数值，会出现两种技术状况参数，使得汽车技术状况无法判断。

（3）稳定性：是指在相同的测试条件下，多次测得同一诊断参数的测量值，具有良好的一致性（重复性）。诊断参数的稳定性越好，其测量值的离散度就越小。稳定性不好的诊断参数，其灵敏性低，可靠性差。

（4）信息性：是指诊断参数对汽车技术状况具有的表征性。表征性好的诊断参数，能揭示汽车技术状况的特征和现象，反映汽车技术状况的全部情况。诊断参数的信息性越好，包含汽车技术状况的信息量越多，得出的诊断结论越可靠。

（5）经济性：是指获得诊断参数的测量值所需要的诊断作业费用的多少，包括人力、工时、场地、仪器、设备和能源消耗等项费用。经济性高的诊断参数，所需要的诊断作业费用低。

引导问题 4：汽车检测诊断参数标准有哪些？

1. 检测诊断参数标准的分类

汽车诊断参数标准与其他标准一样，分为国家标准、行业标准、地方标准和企业标准四类。

（1）国家标准。

国家标准是国家制定的标准，冠以中华人民共和国国家标准（GB）字样（如 GB 3847—2018《柴油车污染物排放限值及测量方法（自由加速法及加载减速法）》和 GB 18258—2018《汽油车污染物排放限值及测量方法（自由加速法及加载减速法）》）。国家标准一般由某行业部委提出，由国家质量监督检验检疫总局发布，具有强制性和权威性。例如：GB 21861—2014《机动车安全技术检验项目和方法》。

GB/T 18344—2016《汽车维护、检测、诊断技术规范》、GB 7258—2017《机动车运行安全技术条件》等均为国家标准，使用这些标准参数进行检测诊断时，只能从严，不能放宽，以保证国家标准的严肃性和权威性。

（2）行业标准。

行业标准也称为部委标准，是部级制定并发布的标准，在部委系统内或行业系统内贯彻执行，一般冠以中华人民共和国某某行业标准。

（3）地方标准。

地方标准是省级、市地级、县级制定并发布的标准。在地方范围内贯彻执行，也在一定范围内具有强制性和权威性。地方标准中的限值可能比上级标准中的限值要求更严格。

（4）企业标准。

企业标准包括汽车制造厂推荐的标准、汽车运输企业和汽车维修企业内部制定的标准和检测仪器设备制造厂推荐的参考性标准三种类型。

汽车制造厂推荐的标准是汽车制造厂在汽车使用说明书中公布的汽车使用性能参数、结构参数、调整数据和使用极限等，可以把它们作为诊断参数标准来使用。该类标准是汽车制造厂根据设计要求、制造水平，为保证汽车的使用性能和技术状况而制定的，这些标准与汽车的可靠性、使用寿命和经济性的优化指标有关。

汽车运输企业和汽车维修企业内部制定的标准是汽车运输企业、汽车维修企业内部制定的标准，只在企业内部贯彻执行。企业标准须达到国家标准和上级标准的要求，同时允许超过国家标准和上级标准的要求，以保证汽车维修质量。

检测仪器设备制造厂推荐的参考性标准是检测仪器设备制造厂，在尚无国家标准和行业标准的情况下制定的，作为参考性标准，以判断汽车、总成及机构的技术状况。

2. 检测诊断参数标准组成

诊断参数标准一般由初始值、许用值和极限值三部分组成。

（1）初始值：初始值相当于无故障新车和大修车诊断参数值的大小，往往是最佳值，可作为新车和大修车的诊断标准。当诊断参数测量值处于初始值范围内时，表明诊断对象技术状况良好，无须维修便可继续运行。

（2）许用值：诊断参数测量值若在许用值范围内，则诊断对象技术状况虽发生变化，但尚属正常，无须修理，按要求维护即可继续运行；超过此值，应及时进行修理。

（3）极限值：若测量值超过极限值诊断参数，诊断对象技术状况严重恶化，汽车须立即停驶修理。此时，汽车的动力性、经济性和排放性大大降低，行驶安全得不到保证，有关机件磨损严重，甚至可能发生机械事故。

随着经济的发展和技术的进步，诊断参数标准将会不断修正，在使用各类标准时，应及时采用最新的版本。

引导问题 5：汽车最佳诊断周期是多少？

汽车诊断周期的确定，应满足技术和经济两方面的条件，获得最佳诊断周期。最佳诊断周期是根据技术与经济相结合的原则进行定义的，它是指既能保证车辆的完好率最高，又能使车辆的检测维修费用降低到最低的使用周期。

确定最佳诊断周期的工作是非常重要的，它既能使车辆在无故障状态下运行，又能满足 GB/T 18344—2016《汽车维护、检测、诊断技术规范》的汽车维护费用，因此定期诊断的最佳周期非常重要。

1. 制定最佳诊断周期应考虑的因素

（1）汽车技术状况。

在汽车新旧程度不一，行驶里程不一，技术状况等级不一，甚至还有使用性能、结构特点、故障规律、配件质量不一等情况下，制定的最佳诊断周期显然也不会一样。新车、大修后的车辆，其最佳诊断周期长，反之则短。

（2）汽车使用条件。

汽车使用条件包括气候条件、道路条件、装载条件、驾驶技术、是否拖挂、燃润料质量等。气候恶劣、道路状况差、经常重载、驾驶技术不佳、拖挂行驶、燃料和润滑油料的质量得不到保障的汽车，其最佳诊断周期短，反之则长。

（3）费用。

其包括检测诊断、维护修理、停驶损耗的费用。若使检测诊断、维护修理费用降低，则应使最佳诊断周期延长，但汽车因故障停驶的损耗费用增加；若使停驶损耗的费用降低，则应使最佳诊断周期缩短，但检测诊断、维护修理的费用增加。

2. 制定最佳诊断周期的方法

根据交通运输部《道路运输车辆技术管理规定》，汽车实行"择优选配、正确使用、周期维护、视情修理、定期检测、适时更新"的制度。该规定要求车辆二级维护前应进行检测诊断和技术评定，根据结果，确定附加作业或修理项目，结合二级维护一并进行。

二级维护前和车辆大修前都要进行检测诊断，其中，大修前的检测诊断，一般在大修间隔里程行将结束时结合二级维护前的检测诊断进行。既然规定在二级维护前进行检测诊断，则二级维护周期就是我国目前的最佳诊断周期。根据 GB/T 18344—2016《汽车维护、检测、诊断技术规范》的规定，二级维护周期在 10 000~15 000 km。

二、评价反馈

对本学习任务进行评价，填写表 1-2。

表 1-2 评分表

考核项目	评分标准	分数	学生自评	小组评价	教师评价	小计
活动参与	是否积极主动	5				
安全生产	有无安全隐患	10				
现场"5S"	是否做到	10				
任务方案	是否合理	15				
过程	1. 能否说出汽车检测技术相关的基本概念； 2. 是否知道汽车检测的类型； 3. 是否知道汽车检测诊断参数的选择原则	30				
任务完成情况	是否圆满完成	5				
工具和设备使用	是否使用互联网查找与汽车检测相关的标准	10				
劳动纪律	是否违反	10				
工单填写	是否完整、规范	5				
总分		100				
教师签名：			年　　月　　日		得分	

三、学习拓展

根据所学的知识，查找资料，请你和小伙伴一起查阅汽车检测的方法与标准。

任务1.3 汽车检测站职能、类型及工艺布局

学习目标

完成本学习任务后,你应当能:
1. 知道汽车安全环保检测站内容及功能;
2. 知道汽车维修检测站内容及功能;
3. 掌握汽车综合性能检测站内容及功能;
4. 了解五位一体检测线检测流程。
建议完成本学习任务的时间为2个课时。

学习任务描述

汽车检测站对车辆进行安全环保检测或综合性能检测,检测人员需要了解检测站工位及操作流程,熟练掌握检测方法,并打印评审报告。通过本节学习,学生应熟悉汽车监测站工位布局,具有汽车检测的岗位职责感及善于分工协助、讨论沟通等社会能力。

一、资料收集

引导问题 1：汽车检测站的功能有哪些？

汽车检测站是指运用现代检测技术，对车辆的技术状况进行监督检测和技术服务的机构，为全面准确评价汽车的使用性能和技术状况提供依据。根据 GB/T 17993—2017《汽车综合性能检测站能力的通用要求》的规定，汽车检测站有如下功能：

（1）依法对机动车技术状况进行检测诊断；

（2）依法对车辆的维修竣工质量进行检验；

（3）接受委托，对车辆的改装、改造等有关新工艺、新技术、新产品和科研成果鉴定等项目检测，提供检测结果。

（4）接受公安、环保、商检、计量、保险公司和司法机关等部门的委托，为其提供检测，提供检测结果。

目前，公安部要求公路上行驶的汽车必须定期到检测站进行安全环保性能检测；交通部要求运营的运输车辆必须定期到检测站进行综合性能检测。

引导问题 2：汽车检测站的类型有哪些？

1. 按汽车检测站的服务功能分类

汽车检测站根据服务功能分为汽车安全环保检测站、汽车维修检测站和汽车综合性能检测站。

（1）汽车安全环保检测站。

汽车安全环保检测站是国家的执法机构，由公安部门管理。它根据国家的有关法规，定期检查车辆行驶中与安全和环境有关的项目。它一般是针对汽车行驶安全和对环境的污染程度进行总体检测，并与国家有关标准比较，给出"合格"或"不合格"的结果，而不进行具体的故障诊断和分析，如图 1-1 所示。

图 1-1　汽车安全环保检测站

（2）汽车维修检测站。

汽车维修检测站通常由汽车运输企业或维修企业建立，其作用是为车辆维修部门服务。它以汽车性能检测和故障诊断为主要内容，这种检测站通过在汽车维修前进行技术状况检测和故障诊断，可以确定汽车附加作业、小修项目以及车辆是否需要大修。同时通过对维修后的汽车进行技术检测，可以监控汽车的维修质量，如图1-2所示。

图1-2 汽车维修检测站

（3）汽车综合性能检测站。

汽车综合性能检测站既担负车辆安全、环保方面的检测任务，又担负汽车维修中的技术检测，还能承担科研、制造和教学等部门的有关汽车性能试验和参数测定。这种检测站设备多而齐全，自动化程度高，既可进行快速检测，以适应年检要求；又可以进行高精度的测试，以满足技术评定的需要。这种检测站的检测结果可作为交通运输管理部门发放或吊扣营运证的依据，以及作为确定维修单位车辆维修质量的凭证，如图1-3所示。

图1-3 汽车综合性能检测站

2. 按汽车检测站的工作职能分类

汽车综合性能检测站根据职能任务不同，分为 A、B、C 三级站，各级站主要检测项目如下：

（1）A 级站。

能承担在用车辆的制动、侧滑、灯光、转向、前轮定位、车速、车轮动平衡、底盘输出功率、燃料消耗、发动机功率和点火系统状况，及异响、磨损、变形、裂纹、噪声、废气排放等状况的检测任务。

（2）B 级站。

能承担在用车辆技术状况和车辆维修质量的检测。即能检测车辆的制动、侧滑、灯光、转向、车轮动平衡、燃料消耗、发动机功率和点火系统状况，及异响、变形、噪声、废气排放等状况。

（3）C 级站。

能承担在用车辆技术状况的检测。即能检测车辆的制动、侧滑、灯光、转向、车轮动平衡、燃料消耗、发动机功率及异响、噪声、废气排放等状况。

A 级站和 B 级站出具的检测结果证明，可以作为维修单位维修质量的凭证。

3. 按自动化程度分类

（1）手动检测线：检测设备彼此独立。

（2）半自动检测线：检测设备由计算机控制数据采集、处理、打印。

（3）全自动检测线：在半自动线上增加操作过程控制和指示。

引导问题 3：汽车检测站职能任务有哪些？

1. 机动车辆安全技术检测站职能任务及条件

2014 年 4 月 29 日，公安部、国家质量监督检验检疫总局印发《关于加强和改进机动车检验工作的意见》。机动车辆安全技术检测站，是指根据《中华人民共和国道路交通管理条例》和《机动车管理办法》的规定，按照法定标准，对在道路上行驶的机动车辆进行安全技术检测的工作站。检测站受公安机关车辆管理部门的委托，承担以下任务：

（1）机动车申请注册登记时的初次检验；

（2）机动车定期检验；

（3）机动车临时检验；

（4）机动车特殊检验，包括肇事车辆、改装车辆和报废车辆等的技术检验。

2. 汽车综合性能检测站主要职能任务

（1）对在用运输车辆的技术状况进行检测诊断；

（2）对汽车维修行业的维修质量进行监督检测；

（3）对车辆改装、改造、报废及有关新技术、新工艺、新产品、科研成果等项目进行检测，提供检测结果；

（4）执行公安、环保、商检、计量、保险等部门有关汽车安全性能、排气污染、货物鉴定等专业项目的检测。

引导问题4：汽车检测线布局及流程是怎样的？

1. 汽车检测线布局

汽车综合性能检测站主要由一条至数条检测线组成。不管是安全环保检测线，还是综合检测线，它们都由多个检测工位组成，布置形式多为直线通道式，即检测工位按一定顺序分布在直线通道上，有利于流水作业。

手动和半自动的安全环保检测线，一般为由外观检查（人工检查）工位、侧滑制动车速表工位、灯光尾气工位三个工位组成的三位一体检测线。全自动安全环保检测线可以由三位一体、四位一体或五位一体检测线组成。下面以五位一体检测线为例，介绍其布局特点。

五位一体检测线中的五位一般是指汽车资料输入及安全装置检查工位、侧滑制动车速表工位、灯光尾气工位、车底检查工位、综合判定及主控制室工位。五位一体安全检测线布局如图1-4所示，五位一体检测线一般包括：

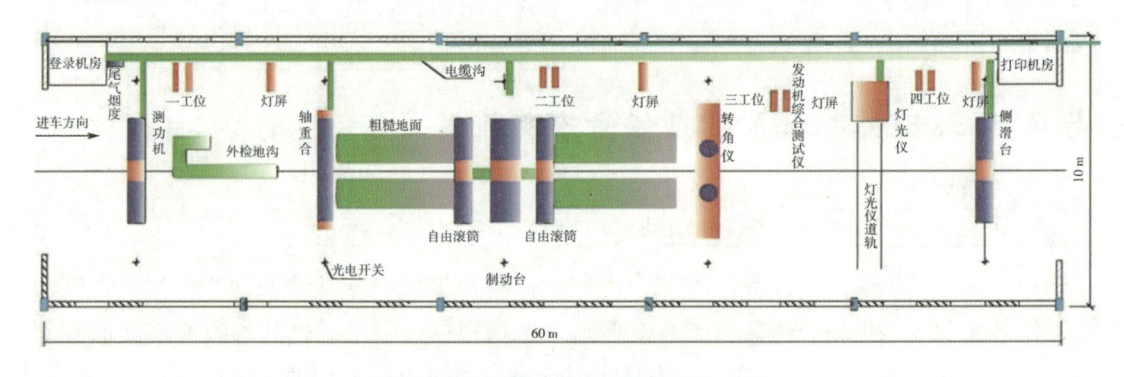

图1-4 五位一体安全检测线布局

（1）L工位（包括汽车资料的输入工位）。L工位进行灯光、安全装置及外观检查（人工检查）。其他设备有进线指示灯、工位测控微机、不合格项目输入键盘、光电开关、检验程序指示器等。

（2）ABS工位。ABS工位将侧滑检验台、制动检验台、车速表检验台合在一起。其他设备有工位测控机、光电开关、检验程序指示器。

（3）HX工位。HX工位将前照灯检测仪、废气分析仪、喇叭检测放在一起。其他设备有工位测控机、光电开关、停车位置指示灯、检验程序指示器。

（4）P工位。P工位主要进行车底检查（设置地沟，人工检查）。其他设备有工位测控微机、不合格项目输入键盘、光电开关、地沟内举升机、检验程序指示器等。

（5）综合判定及主控制室工位。其控制、协调各个工位的检测进度指示，设置在检测线出口处。

2. 五工位检测线检测流程

检测站检测流程指汽车进站检测的全过程，流程合理会提高检测效率。五工位一体汽车检测线检测流程如图1-5所示。

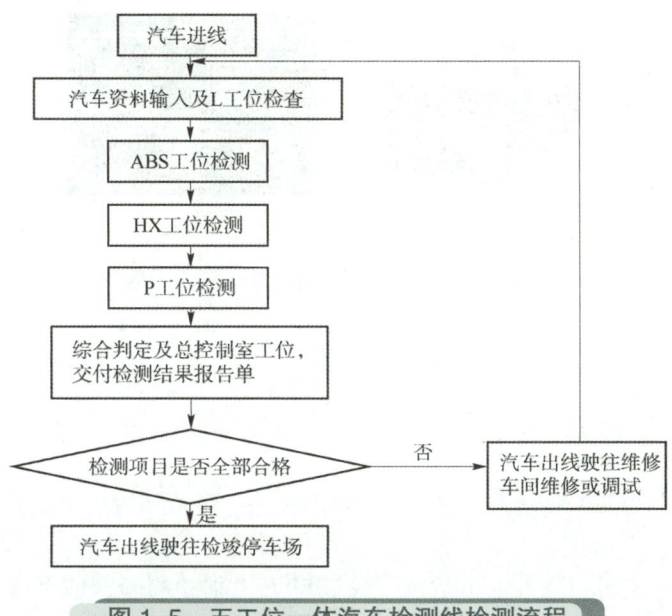

```
汽车进线
  ↓
汽车资料输入及L工位检查
  ↓
ABS工位检测
  ↓
HX工位检测
  ↓
P工位检测
  ↓
综合判定及总控制室工位，
交付检测结果报告单
  ↓
检测项目是否全部合格 ──否──→ 汽车出线驶往维修车间维修或调试
  ↓是
汽车出线驶往检竣停车场
```

图1-5　五工位一体汽车检测线检测流程

二、实施作业

引导问题5：汽车检测线的检测项目和评价标准有哪些？

由于汽车检测站类型不同、汽车检测线布局不同，因此各个检测站工位安排亦不相同，检测功能和项目也有差别。下面安排学生一起熟悉汽车综合性能A级站的检测工位及检车设备，通过参观学习，对检测线有初步的认识，为后期各项目继续学习奠定基础。

1. 车速检测

（1）检测评价及指标：车速表指示误差；

（2）检测设备与工具：车速表检验台；

（3）车速检验台检测工位如图1-6所示。

2. 环保检测

（1）检测评价及指标：汽油发动机车辆：CO、

图1-6　车速检验台检测工位

HC 容积浓度值（双怠速法、怠速法）；CO、HC 和 NO 容积浓度值（加速模拟工况法）；柴油发动机车辆：三光吸收系数或烟度值（自由加速工况法）。

（2）检测设备与工具：汽油发动机尾气排放分析仪、柴油发动机滤纸式烟度计或不透光烟度计。

（3）环保检测工位如图 1-7 所示。

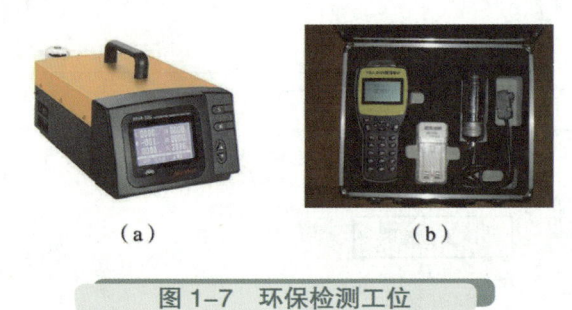

(a)　　　　　　　　(b)

图 1-7　环保检测工位

（a）汽油发动机尾气排放分析仪；（b）不透光烟度计

3. 制动性能检测

（1）检测评价及指标：轮（轴）重、车轮阻滞力、轮制动力、左/右轮制动力差、驻车制动力；

（2）检测设备与工具：轮（轴）重仪、滚筒反力式制动检验台或平板式制动检验台；

（3）制动性能检测工位如图 1-8 所示。

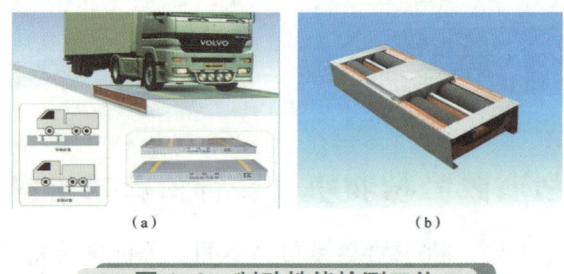

(a)　　　　　　　　(b)

图 1-8　制动性能检测工位

（a）轮（轴）重仪；（b）滚筒反力式制动检验台

4. 侧滑检测

（1）检测评价及指标：转向轮或车轮横向侧滑量；

（2）检测设备与工具：汽车侧滑检验台；

（3）汽车侧滑检测工位如图 1-9 所示。

图 1-9 汽车侧滑检测工位

5. 灯光检测

（1）检测评价及指标：

前照灯远光光束：发光强度、光束偏移量；

前照灯近光光束：明暗截止线转角折点位置。

（2）检测设备与工具：汽车前照灯检测仪。

（3）汽车前照灯检测工位如图 1-10 所示。

图 1-10 汽车前照灯检测工位

6. 喇叭声级检测

（1）检测评价及指标：喇叭声级（dB）；

（2）检测设备与工具：声级计；

（3）汽车喇叭声级检测工位如图 1-11 所示。

图 1-11 汽车喇叭声级检测工位

7. 悬架性能检测

（1）检测评价及指标：振动幅度、左右吸收率差、悬架吸收率；
（2）检测设备与工具：汽车悬架装置检验台；
（3）悬架性能检测工位如图 1-12 所示。

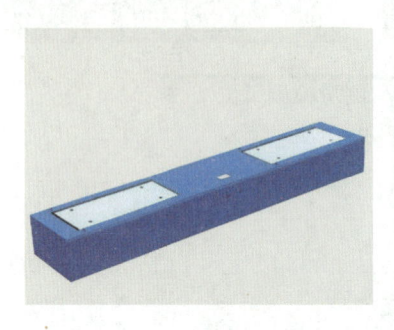

图 1-12　悬架性能检测工位

8. 底盘其他性能检测

（1）检测评价及指标：
转向系统检测：转向轮最大转角、方向盘自由行程、最大转矩；
行驶系统检测：车轮动平衡检测、四轮定位检测；
传动系统检测：转向系统间隙。
（2）检测设备与工具：转向轮转角检测仪、车轮动平衡仪、四轮定位仪；
（3）底盘其他性能检测工位如图 1-13 所示。

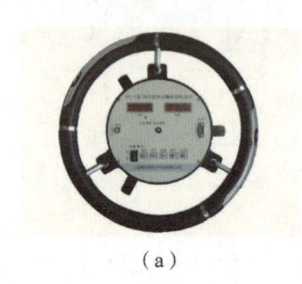

（a）　　　　　　　　　（b）　　　　　　　　　（c）

图 1-13　底盘其他性能检测工位

（a）转向轮转角检测仪；（b）车轮动平衡仪；（b）四轮定位仪

9. 驱动轮输出功率检测

（1）检测评价及指标：额定功率转速下驱动轮输出功率；额定转矩转速下驱动轮输出功率；
（2）检测设备与工具：底盘测功机；
（3）驱动轮输出功率检测工位如图 1-14 所示。

图 1-14 驱动轮输出功率检测工位

10. 发动机功率检测

（1）检测评价及指标：发动机额定功率、发动机额定转速和发动机各项性能参数；

（2）检测设备与工具：发动机综合分析仪；

（3）发动机功率检测工位如图 1-15 所示。

图 1-15 发动机功率检测工位

三、评价反馈

对本学习任务进行评价，填写表 1-3。

表 1-3 评分表

考核项目	评分标准	分数	学生自评	小组评价	教师评价	小计
活动参与	是否积极主动	5				
安全生产	有无安全隐患	10				
现场"5S"	是否做到	10				
任务方案	是否合理	15				
过程	1. 能否说出汽车检测站的类型； 2. 是否知道汽车检测站的职能任务； 3. 是否知道汽车检测站的布局及检测流程； 4. 是否知道汽车检测线的检测项目和评价标准	30				
任务完成情况	是否圆满完成	5				

续表

考核项目	评分标准	分数	学生自评	小组评价	教师评价	小计
工具和设备使用	能否使用互联网查找汽车检测相关的标准	10				
劳动纪律	是否违反	10				
工单填写	是否完整、规范	5				
	总分	100				
教师签名：			年　　月　　日		得分	

四、学习拓展

根据所学的知识，查找资料，请你和小伙伴一起讨论汽车年检需要准备哪些材料。

_____
_____
_____
_____
_____
_____
_____
_____
_____
_____

学习任务 2
检测汽车动力性能

任务 2.1 发动机功率检测

学习目标

完成本学习任务后，你应当能：
1. 掌握发动机功率检测的方法；
2. 掌握发动机功率检测设备的使用方法；
3. 读取检测数据，对检测结果进行分析，确定发动机功率低的故障诊断方法。

建议完成本学习任务的时间为 4 个课时。

学习任务描述

一辆货车行驶 20 万 km 以后，发动机开始出现无负荷运转时基本正常、带负荷运转时加速缓慢、上坡无力、加速踏板踩到底时仍感到动力不足、转速提不高、达不到最高车速等现象。如何解决这一问题就是本学习任务要学习的主要内容。

一、资料收集

引导问题 1：汽车发动机功率检测的目的及方法是什么？

1. 发动机功率检测的目的

发动机的动力性可用发动机有效功率来进行评价，发动机的有效功率即曲轴对外输出的净功率。通过对发动机功率的检测，可以确定发动机的动力性，掌握发动机的技术状况，确定发动机是否需要进行维修或确定发动机的维修质量。

发动机的有效功率公式为：

$$P_e = \frac{T_{tp} n}{9\,550}$$

式中　P_e：发动机有效功率（kW）；
　　　T_{tq}：发动机有效转矩（N·m）；
　　　n：发动机转速（r/min）。

采用测功机检测出发动机曲轴上的转矩和转速，可通过上述公式得到发动机有效功率。发动机有效功率的测量属于间接测量。

2. 发动机功率检测的方法

发动机功率检测的方法有稳态测功（有负荷测功）和动态测功（无负荷测功）两种基本形式。

（1）稳态测功。

稳态测功是指发动机在节气门开度一定、转速一定和其他参数都保持不变的稳定状态下，在专用发动机测功机上测定发动机功率的一种方法。常见的测功机有水力测功机、电涡流测功机和电力测功机三种，如图2-1所示。稳态测功时，由于需要对发动机施加外部负荷，因此稳态测功也称为有负荷测功或有外载测功。

图 2-1　测功机的三种类型
（a）水力测功机；（b）电涡流测功机；（c）电力测功机

稳态测功必须在测试台上进行，其特点是：测量结果精准可靠，测量工艺复杂，费用成本很高。稳态测功多用于研发设计部门使用。

（2）动态测功。

动态测功是指发动机在节气门开度和转速等参数处于变化的状态下，测定发动机功率的一种方法，通过角加速度获得发动机有效功率和通过加速时间获得发动机有效功率。

该测功方法所用仪器轻便，测功速度快，方法简单，但测功精度较低。对于汽车使用单位，经常需要在不解体条件下进行就车试验测定发动机功率。因此，发动机无负荷动态测功得到广泛应用。

引导问题 2：发动机功率检测的参数及标准有哪些？

根据 GB 7258—2017《机动车运行安全技术条件》和 GB/T 15746—2011《汽车修理质量检查评定标准发动机大修》的规定：发动机功率不允许小于标牌（或产品使用说明书）标明的发动机功率的 75%；大修竣工后，发动机功率不得低于原设计标定值的 90%。部分常见汽车的发动机额定功率和额定转速见表 2-1。

表 2-1　部分常见汽车的发动机额定功率和额定转速

车型	发动机型号	额定功率 /kW	额定转速 /（r·min^{-1}）
丰田卡罗拉 2019 款	8ZR-FXE	72	5 200
大众宝来 2020 款	EA211-DMB	83	6 000
日产轩逸 2020 款	HR16	102	6 300
别克英朗 2021 款	LJI	92	5 600
吉利缤瑞 2019 款	JLF-3G10TDB	100	6 000
比亚迪秦 Pro2019 款	BYD476ZQB	118	5 200
雪佛兰科鲁兹 2018 款	L3G	84	6 600

引导问题 3：发动机功率检测设备及使用方法有哪些？

发动机功率检测主要是对发动机动态功率的测试，即是对发动机无负荷的测功。而当前发动机无负荷测功仪很多，在这里主要以 EA3000 便携式发动机综合性能分析仪为例进行介绍。

1. EA3000 发动机综合性能分析仪功能

其是能够对汽车发动机及其电控系统进行检测及诊断的全新设备，可检测发动机各系统的工作状态、运行参数及排放性能，可实时采集初级和次级点火信号、喷油信号、电控传感器信号、进排气系统等的动态波形，同时可进行性能分析、波形存储与回放、测试结果查询等；与 smart-box 连接还能对汽车电控系统进行诊断，如读故障码和数据流等；还具有强大的在线帮助系统，为发动机的技术状态判断和故障诊断提供科学依据。

2. EA3000 发动机综合性能分析仪使用方法

（1）开机，在测试前先开机预热 20 min。

（2）系统启动、自检。

（3）输入用户及车辆信息。

（4）选择测试种类。根据实际检测的需要选择测试的种类，用户数据输入完毕后，单击"确定"按钮，进入检测界面。

（5）连接。

（6）测试。

（7）打印测试结果。

（8）技术指导。

（9）建立汽车数据库。

二、实施作业

引导问题 4：实施发动机功率检测需要哪些工具、设备和材料？

（1）工具：EA3000 发动机综合性能分析仪、车轮挡块（四块）；
（2）设备：雪佛兰科鲁兹轿车或电控发动机实训台架；
（3）防护用品：翼子板布、前格栅布、车辆防护五件套等。

引导问题 5：怎样检测发动机功率呢？

1. 检测前准备工作

（1）检测设备的准备。
①检查产品的外观及各部件连接情况，如图 2-2 所示；

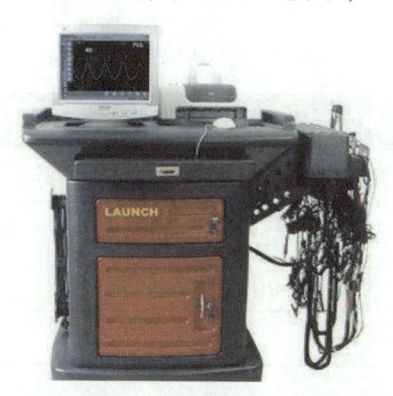

图 2-2　检查 EA3000 发动机综合性能分析仪外观及各部件连接情况

②将各适配器或测试线依次与主机对应插座连接起来；

③将主电源线连接 220 V 电源，打开 EA3000 发动机综合性能分析仪主电源开关，主电脑应能正常启动且无异常，并顺利通过程序自检；

④自检通过后出现自检标定对话框，单击"测试数据"，通道 1、通道 2 测试数据为 0，其他测试项允许误差，则表示 OK，否则 NO；

⑤在测试前先开机预热 20 min。

（2）被检汽车（电控发动机台架）的准备。
①检查发动机各系统，使之处于技术完好状态；
②预热发动机至正常工作温度（80 ℃~90 ℃）；
③如图 2-3 所示，检查发动机怠速，使其

图 2-3　实训车辆

学习任务 2　检测汽车动力性能

在规定的转速范围内稳定运转。

2. 检测方法及流程

（1）将一缸信号适配器夹在一缸高压线上。在"汽油机测试菜单"下单击"无外载测功"图标，系统即进入无负荷测功测试界面，或单击"方式选择"图标选择"P"进入无负荷测功界面。

（2）设定怠速转速（发动机怠速转速）、额定转速（发动机额定转速）和当量转动惯量（当量转动惯量可在同型号的车上通过测试得到，但此车必须保证处于良好的工作状态，一般小型车的当量转动惯量在 0.1~0.5，大货车的当量转动惯量在 1.0~5.0）。

（3）单击"测试"按钮，系统开始倒记数。

（4）记数为零时，请迅速踩下汽车加速踏板，使发动机尽可能快地将转速迅速提高。

（5）测试结束，关机。

3. 检测结果记录与分析

将检测结果填入表 2-2，并结合表 2-1 判断前照灯是否满足要求。

表 2-2　检测结果记录表

检测项目	单位	结论（是否合格）
额定功率	kW	□合格　□不合格
额定转速	r/min	□合格　□不合格
实测功率	kW	□合格　□不合格
实测转速	r/min	□合格　□不合格

引导问题 6：如何进行发动机动力不足的故障检测与分析？

1. 故障自诊断

（1）进行故障自诊断，用专用解码器检查有无故障码出现，并读取相应的数据流，如图 2-4 所示。

（2）按所显示的故障代码或数据流分析故障，查找故障原因。

2. 检查节气门

（1）将加速踏板踩到底，检查节气门能否全开，如图 2-5 所示。

（2）如果不能完全打开，检查节气门系统。

图 2-4　使用解码器读取故障码

3. 检查空气滤清器

（1）检查空气滤清器有无堵塞、脏污，如图2-6所示。

图2-5 检查节气门

图2-6 检查空气滤清器

（2）如有堵塞，应清洗或更换。

4. 检查点火正时、火花塞、高压线、点火线圈

（1）检查点火系统、点火部件工作以及点火正时是否正常，如图2-7所示。

（2）如有异常，发现问题要及时维修或更换相应部件。

5. 检查燃油系统供给系统

（1）检查燃油系统压力。如果燃油系统的压力过低，应进一步检查电动汽油泵、燃油压力调节器、汽油滤清器等，如图2-8所示。

图2-7 检查发动机点火系统

图2-8 检查燃油系统压力

（2）检查喷油器的喷油量。如若喷油堵塞或雾化不好，应清洗或更换喷油器。

6. 检查气缸压力

（1）检查气缸压缩压力，如图2-9所示。

（2）如气缸压缩压力过低，应进一步拆检发动机。

7. 检查发动机的凸轮轴、缸盖、活塞等机械部件

（1）检查发动机的凸轮轴、缸盖、活塞等机械部件，如图2-10所示。

图 2-9　检查气缸压缩压力　　　　图 2-10　检查发动机机械部分

（2）如有异常，应进行维修或更换。

8. 总结

请根据自己任务完成的情况，对自己的工作进行自我评估，总结工作中遇到的问题或出现的情况，并提出改进意见。

_____
_____
_____
_____
_____
_____
_____
_____
_____
_____

三、评价反馈

对本学习任务进行评价，填写表2-3。

表2-3 评分表

考核项目	评分标准	分数	学生自评	小组评价	教师评价	小计
活动参与	是否积极主动	5				
安全生产	有无安全隐患	10				
现场"5S"	是否做到	10				
任务方案	是否合理	15				
过程	1. 能否说出发动机功率检测的参数及标准； 2. 是否掌握发动机功率检测设备的使用方法； 3. 是否知道汽车发动机功率过低的检测方法	30				
任务完成情况	是否圆满完成	5				
工具和设备使用	是否掌握发动机功率测试仪的使用方法及汽车发动机功率过低的检测方法	10				
劳动纪律	是否违反	10				
工单填写	是否完整、规范	5				
	总分	100				
教师签名：			年　月　日		得分	

四、学习拓展

根据所学的知识，查找资料，请你和小伙伴一起讨论汽车发动机各缸功率均衡性的判断方法。

任务 2.2 驱动轮输出功率检测

学习目标

完成本学习任务后，你应当能：
1. 掌握驱动轮输出功率检测的目的；
2. 掌握驱动轮输出功率的评价指标及国家标准；
3. 掌握底盘测功机的构成及使用方法；
4. 熟练地在指定设备上完成驱动轮输出功率的检测；
5. 读取检测数据，并根据国家的检测标准对检测结果进行分析，进一步确定故障的原因。

建议完成本学习任务的时间为 4 个课时。

学习任务描述

某货车行驶 16 万 km 以后，出现动力性明显下降趋势，主要表现为加速缓慢、上坡无力，同时车速提高很慢。这是什么原因呢？我们首先要进行汽车驱动轮输出功率的检测。

一、资料收集

引导问题 1：驱动轮输出功率检测的目的是什么？

汽车驱动轮输出功率是汽车综合性能检测的必检项目，是评价汽车技术状况的基本参数之一。

汽车驱动轮输出功率的检测又称底盘测功，可在汽车底盘测功检验台上进行，其目的是：

（1）获得驱动车轮的输出功率或驱动力，以便评价汽车的动力性；

（2）获得驱动轮输出功率与发动机输出功率进行对比，可求出传动效率，以便判断底盘传动系统的技术状况。

引导问题 2：驱动轮输出功率检测参数及评价指标有哪些？

1. 驱动轮输出功率限值

最大扭矩工况下，驱动轮输出功率限值取最大扭矩点功率（P_m）的51%，P_m按下面公式计算：

$$P_m = \frac{M_e n_m}{9\,550}$$

额定功率下，驱动轮输出功率限值取额定功率的49%。

2. 驱动轮轮边稳定车速限值

额定功率工况下，驱动轮轮边稳定车速限值取V_e。

最大扭矩工况下，驱动轮轮边稳定车速限值取V_m。

3. 驱动轮输出功率的评价指标

根据国家标准 GB/T 18276—2017《汽车动力性台架试验方法和评价指标》的规定，汽车动力性合格的条件为：

（1）采用最大扭矩工况或额定功率工况下的驱动轮输出功率评价时，当校正驱动轮输出功率大于或等于限值。

（2）采用额定功率工况下的驱动轮轮边稳定车速评价时，当驱动轮轮边稳定车速V_w大于或等于V_e。

（3）采用最大扭矩工况下的驱动轮轮边稳定车速评价时，当驱动轮轮边稳定车速V_w大于或等于V_m。

（4）当校正驱动轮输出功率或驱动轮轮边稳定车速小于限值时，允许复检一次。一次复检合格后，则判定该车动力性为合格。

引导问题 3：底盘测功机的类型有哪些？

底盘测功机按照工作原理可分为测力式、惯性式和综合式三类。

（1）测力式底盘测功机通过模拟道路阻力直接测量驱动轮的输出功率；

（2）惯性式底盘测功机通过模拟汽车行驶惯性来测量汽车的加速能力；

（3）综合式底盘测功机既可以通过模拟道路阻力直接测量驱动轮的输出功率，又可以通过

学习任务2　检测汽车动力性能

模拟汽车行驶惯性来测量汽车的加速能力。现代汽车底盘测功机大多采用综合式底盘测功机。

引导问题4：底盘测功机的功能及结构有哪些？

驱动轮输出功率检测主要是在汽车底盘测功机上进行检测，底盘测功机又称转鼓检验台，是一种不解体检验汽车性能的检测设备。其用以模拟汽车在实际行驶时的阻力，测定汽车的使用性能以及检测汽车的技术状况，诊断汽车故障，广泛用于汽车设计、制造、维修和检测部门。

1. 底盘测功机的功能

汽车底盘测功机的基本功能为：
（1）测试汽车驱动轮输出功率；
（2）测试汽车的加速性能；
（3）测试汽车的滑行能力和传动系统的传动效率；
（4）检测校验车速表；
（5）辅以油耗计、废气分析仪等设备，还可以对汽车的燃油经济性和废气排放性能进行检测。

2. 底盘测功机的结构

底盘测功机一般由滚筒装置、加载装置、测量装置、辅助装置等组成。底盘测功机机械部分的结构，如图2-11所示。

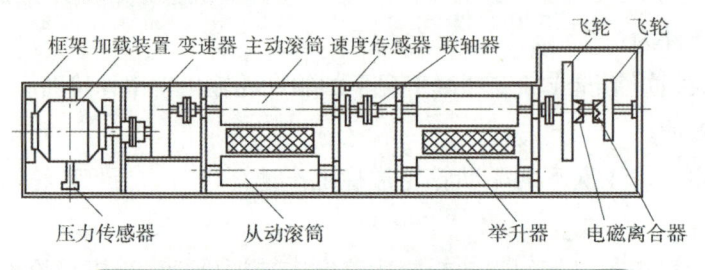

图2-11　底盘测功机机械部分的结构

（1）滚筒装置。

滚筒是支承车轴载荷，并传递功率、转矩、速度的主要构件。滚筒相当于连续移动的路面，被检汽车的车轮在其上滚动，滚筒有单滚筒和双滚筒两种，如图2-12所示。

单滚筒底盘测功机，由于滚筒的直径大，多在1 500~2 500 mm，其车轮滚动阻力小，因而其测试精度高，仅用于科研单位。

双滚筒底盘测功机，其滚筒直径相对较小，多在185~400 mm，测试时，驱动轮胎变形较大，阻力较大，测试精度稍低，但双滚筒底盘测功机对驱动轮的安放定位方便，且制造成本较低，因此它适用于汽车维修企业和汽车综合性能检测站。

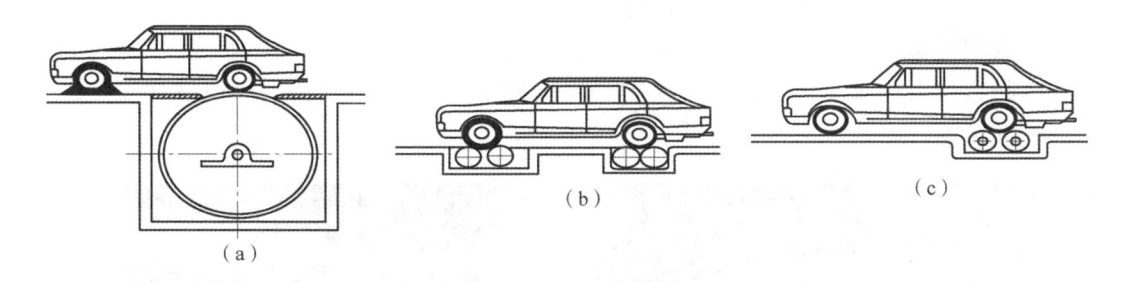

图 2-12 滚筒装置

(a)单轮单滚筒式；(b)双轮双滚筒式；(c)单轮双滚筒式

（2）加载装置。

加载装置又称测功器，它用来吸收和测量驱动轮上的输出功率，同时它可模拟汽车在道路上行驶所受的各种阻力，使检测时汽车的受力情况和在道路上行驶一样。

加载装置的类型：水力测功器、电力测功器和电涡流测功器。

电涡流测功器具有测试范围广、结构紧凑、耗电量小、可控性好、便于安装等优点。

（3）测量装置。

测量装置主要包括测力装置、测速装置和测距装置。

①测力装置。

测力装置用来测量驱动轮上的驱动力，由测力臂和测力传感器组成。其传感器有液压式、机械式和电测式三种。测功时，测功器转子与定子之间的制动转矩通过与定子相连的测力臂传给测力传感器，然后传感器输送信号至仪表，通过转换由测力仪表直接显示驱动轮的驱动力。

②测速装置。

测速装置可用来测量车速，它一般由测速传感器、中间处理装置和指示装置组成。

常见的测速传感器有光电式、磁电式、霍尔式传感器及测速发电机等多种形式。

测速传感器的转子一般安装在从动滚筒的端部，随滚筒一起滚动。

测试时，传感器将滚筒的转速信号转变为电信号，该信号经中间处理装置变换放大，并由指示装置显示车速。

底盘测功机在进行测功、加速、滑行、燃油消耗等试验时，都需要准确地测量车速。

③测距装置。

测距装置一般采用光电盘脉冲计数式测距装置。

当汽车在底盘测功机上进行加速距离、滑行距离、燃油经济性检测时，必须使用测距装置。

（4）举升器。

举升器的作用是方便备检车辆进出底盘测功机，所以在主、副滚筒之间安装举升器及气动控制系统。

（5）控制与指示装置。

底盘测功机的控制装置和指示装置往往制成一体，形成柜式结构。

（6）辅助装置。

底盘测功机上一般还有用于防止汽车偏摆和纵向移动的约束装置、用于冷却发动机和轮胎等的辅助装置，如图2-13所示。

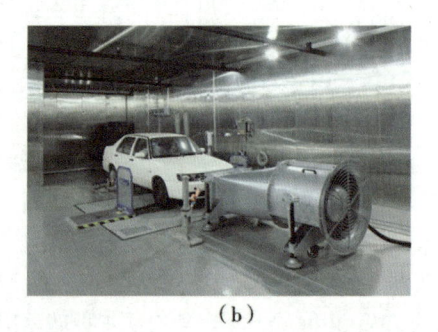

图 2-13　辅助装置

（a）约束装置；（b）冷却装置

二、实施作业

引导问题5：实施驱动轮输出功率检测需要哪些工具、设备和材料？

（1）工具：世达工具件套、轮胎气压表、轮胎花纹深度尺、车轮挡块（四块）等。

（2）设备：水冷测功机、雪佛兰科鲁兹轿车。

（3）防护用品：翼子板布、前格栅布、车辆防护五件套等。

引导问题6：怎样检测驱动轮输出功率？

1. 检测前准备工作

（1）检测设备的准备。

①在底盘测功机进行定期检查、定期润滑、定期标定的基础上，保证底盘测功机各系统能进行正常工作。

②对于水冷式测功机，将冷却水阀打开。

③在汽车前面面对散热器处，安装移动式冷风装置，对汽车发动机进行强制冷却，以防发动机过热。

（2）被检汽车的准备。

①调整发动机供油系统、点火系统至最佳工作状态。

②发动机的机油压力应在允许范围内。

③检查并紧固传动系统、车轮的连接。

④检查轮胎气压，使其符合标准，并清洁轮胎表面。

⑤运行汽车，使发动机冷却液温度达正常温度。

2. 检测方法及流程

（1）接通底盘测功机的电源。

（2）将测功机举升器升起，使被测车辆平稳驶入，将驱动轮置于两滚筒间举升器托板上。

（3）降下举升器托板，用三角铁塞住从动轮，对被测车辆进行必要的纵向约束，如图 2-14 所示。

图 2-14 调整驱动轮与滚筒，约束车辆偏摆和纵向移动

（4）测量驱动轮输出功率。

根据检测项目设定的检测车速来测量功率，每点重复测量 3 次，取平均值。

按选定的内容进行检测：

①发动机额定转速下驱动轮输出功率的检测：起动发动机，由低速挡逐渐换至直接挡或最高挡，逐渐加大节气门开度，同时调节测功机的加载负荷，使发动机在节气门全开及额定转速对应的车速下运转，待车速稳定后，读取和记录功率值。

②发动机最大转矩转速下驱动轮输出功率的检测：将变速器挂入 1 挡位，起动发动机，逐渐加大节气门开度，同时调节测功机的加载负荷，使发动机在节气门全开及最大转矩转速对应的车速下稳定运转，测量功率。

③发动机全负荷选定车速下驱动轮输出功率的检测：在节气门全开的情况下，通过调节测功机的加载负荷，使发动机在选定车速下稳定运转，测量功率。

④发动机部分负荷选定车速下驱动轮输出功率的检测：在节气门部分开启的情况下，通过调节测功器的加载负荷，使发动机在选定车速下稳定运转，测量功率。

⑤测试完毕后，待驱动轮停转，拆除外围的冷却及约束附件，升起举升器托板，将被测汽车驶离底盘测功机，然后切断底盘测功机电源。

（5）注意事项。

①走合期的新车或大修车不宜进行驱动轮输出功率的检测。

②检测时车前方严禁站人，以确保检测安全。

③检测时，应密切注意被检汽车的各种异响、发动机冷却液温度及底盘测功机的工作状

态，保证测试的顺利进行，以免意外事故发生。

3. 检测结果记录与分析

将检测结果填写到表2-4，并查找相关技术资料，判断驱动轮输出功率是否满足要求。

表2-4 检测结果记录表

项目	单位	结论
发动机额定转速下驱动轮输出功率	kW	□合格　□不合格
发动机最大转矩转速下驱动轮输出功率	kW	□合格　□不合格
发动机全负荷选定车速下驱动轮输出功率	kW	□合格　□不合格
发动机部分负荷选定车速下驱动轮输出功率	kW	□合格　□不合格

引导问题7：驱动轮输出功率不足进行哪些故障检测与分析？

1. 检查传动系统部件（除离合器）

（1）在制动检验台上检测车轮的阻滞力。

（2）在底盘测功机上做滑行性能试验。方法是：根据被检汽车的空车质量选择适合的飞轮，操纵电磁离合器使飞轮与测功机滚筒结合，将车速提高到30 km/h，稳定一段时间后，迅速踩下离合器踏板，变速器置空挡，测试滑行距离。如果滑行距离符合规定，则说明底盘技术状况基本合格，如图2-15所示。

2. 检查离合器

（1）检查无自由行程，不符合标准应进行调整。

（2）检查离合器从动盘摩擦片，不符合标准应进行更换，如图2-16所示。

图2-15 底盘传动系统检查　　　　图2-16 检查离合器

3. 总结

请根据自己任务完成的情况，对自己的工作进行自我评估，总结工作中遇到的问题或出现的情况，并提出改进意见。

_____
_____
_____
_____
_____
_____
_____

三、评价反馈

对本学习任务进行评价，填写表 2-5。

表 2-5 评分表

考核项目	评分标准	分数	学生自评	小组评价	教师评价	小计
活动参与	是否积极主动	5				
安全生产	有无安全隐患	10				
现场"5S"	是否做到	10				
任务方案	是否合理	15				
过程	1. 是否掌握驱动轮输出功率检测的目的； 2. 是否知道驱动轮输出功率的评价指标及国家标准； 3. 是否掌握底盘测功机的构成及使用方法	30				
任务完成情况	是否圆满完成	5				
工具和设备使用	是否掌握底盘测功机的使用方法及功率过低的检测方法	10				
劳动纪律	是否违反	10				
工单填写	是否完整、规范	5				
	总分	100				
教师签名：			年 月 日		得分	

四、学习拓展

根据所学的知识,查找资料,请你和小伙伴一起讨论汽车驱动轮输出功率的大小对车辆动力性能的影响有哪些。

_____
_____
_____
_____
_____
_____
_____
_____
_____
_____
_____

任务2.3 发动机气缸密封性检测

学习目标

完成本学习任务后,你应当能:
1. 掌握发动机曲柄连杆机构和配气机构的组成;
2. 知道气缸密封性检测的目的及项目内容;
3. 熟练完成气缸压缩压力的检测;
4. 读取检测数据,并对检测结果进行分析,进一步确定故障的原因。
建议完成本学习任务的时间为6个课时。

任务 2.3　发动机气缸密封性检测

学习任务描述

一辆轿车行驶 15 万 km 以后，发动机开始出现怠速抖动、油耗明显增大、动力不足等现象，请你结合所学知识，对发动机气密性进行检测，完成气缸压力的检测项目。

一、资料收集

引导问题 1：汽车发动机曲柄连杆机构及配气机构由哪些部件组成？

1. 曲柄连杆机构的组成

曲柄连杆机构由机体组、活塞连杆组和曲轴飞轮组三部分组成。其功用是把活塞的往复运动转变成曲轴的旋转运动，对外输出动力。

机体组由机体、曲轴箱、气缸盖和气缸垫等零件组成，如图 2-17 所示。机体组是构成发动机的主要骨架，是发动机各机构和各系统的安装基础，其内外安装着发动机的主要零部件和附件。

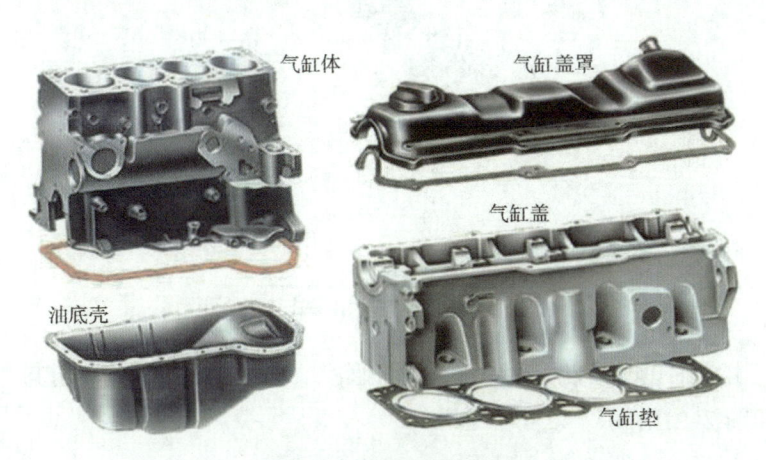

图 2-17　机体组

活塞连杆组主要由活塞、活塞环、活塞销、连杆、连杆轴承等组成，如图 2-18 所示。

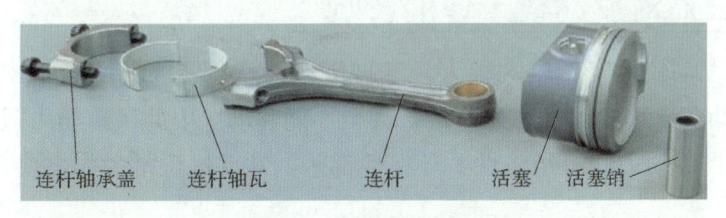

图 2-18　活塞连杆组

学习任务 2　检测汽车动力性能

曲轴飞轮组主要由曲轴、飞轮和一些附件等组成，如图 2-19 所示。

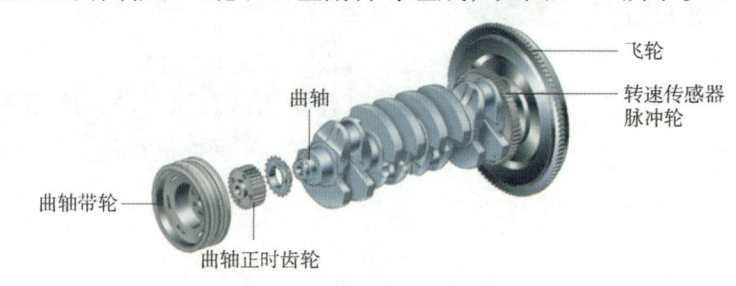

图 2-19　曲轴飞轮组

2. 配气机构的组成

配气机构由气门组和气门传动组（气门驱动机构和凸轮轴传动机构）两部分组成。其作用是按照发动机的工作顺序和工作循环的要求，定时开启和关闭各缸的进、排气门，使新鲜空气进入气缸，废气从气缸排出。

气门组由气门、气门座、气门导管、气门弹簧、锁片、卡簧等零部件组成，如图 2-20 所示。

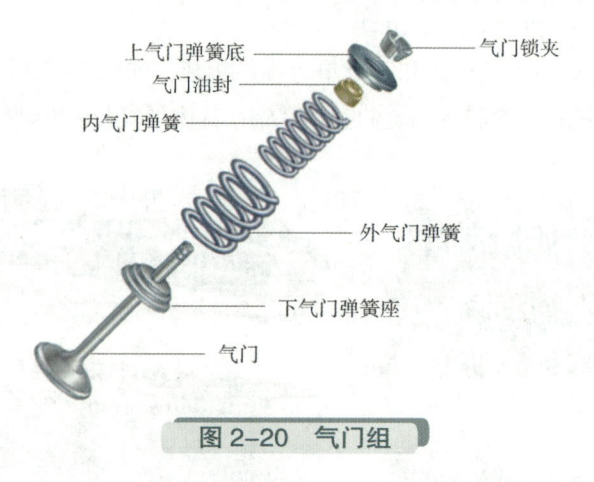

图 2-20　气门组

气门传动组由曲轴正时齿轮、张紧轮、过渡轮、凸轮轴正时齿轮、进排气凸轮轴、液压元件等组成，如图 2-21 所示。

引导问题 2：气缸密封性检测的目的有哪些？

1. 气缸压力对发动机工作的影响

气缸压力对发动机的工作影响很大，气缸压力过高会导致发动机工作粗暴，甚至会爆震；气缸压力过低会导致发动机动力不足，甚至不能起动。因此气缸压力过高、过低，发动机都不能正常工作，动力性、经济性、环保性都差。发动机正常工作需要足够的压缩压力，但不是越高越好。

一般，汽油机的气缸压力为 1.0~1.2 MPa；柴油机的气缸压力为 3~6 MPa。

图 2-21 气门传动组

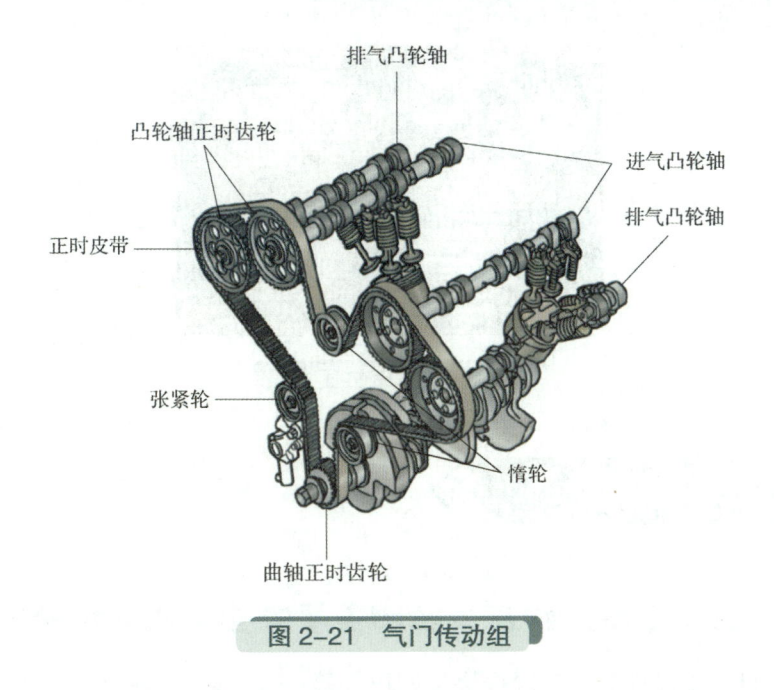

2. 气缸密封性的检测目的

气缸密封性是保证发动机缸内压力正常并有足够动力输出的基本条件，也是影响发动机动力性和经济性的重要因素。因此，通过气缸密封性检测可以较容易地判断发动机的基本技术情况。气缸密封性是由缸体、活塞连杆组、气门、气门座、气缸盖及气缸垫等零部件保证的。发动机在使用过程中，因磨损导致气缸、活塞及活塞环配合间隙过大，气门与气门座因磨损、高温烧蚀而关闭不严，气缸体、气缸盖及气缸垫因变形、腐蚀等而变形翘曲，都会导致气缸密封性变差。

引导问题 3：气缸密封性检测的项目有哪些？

气缸密封性的表征参数有气缸压缩压力、气缸漏气量、进气歧管真空度等，通过检测气缸压缩压力、气缸漏气量、进气歧管真空度等项目就可以评价气缸的密封性。

本章节主要介绍检测气缸压缩压力来评价气缸密封性。

根据气缸压缩压力可以评价发动机技术状况，若气缸压缩压力超过标准值，过高或过低，都说明发动机技术状况不良，存在故障。

引导问题 4：气缸压缩压力的检测设备有哪些？

气缸压缩压力是指缸内气体压缩终了的压力，它是气缸密封性最直接的评价指标，常用来诊断发动机性能、曲柄连杆机构、配气机构的技术状况。

气缸压力表用来检测气缸压缩压力，如图 2-22 所示，一般由表盘、导管、单向阀和接头等组成。气缸压力表接头连接火花塞或喷油器安装孔，有螺纹接头或锥形接头两种形式；单向阀的作用是当阀门处于关闭位置时可以保持所测得的压缩压力读数，当阀门打开时使压力表值归零。

学习任务2　检测汽车动力性能

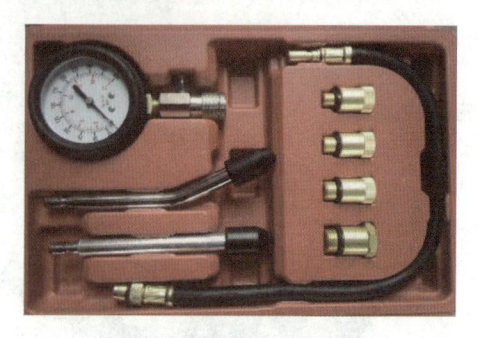

图2-22　气缸压力表

二、实施作业

引导问题5：实施气缸压缩压力检测需要哪些工具、设备和材料？

（1）工具：世达工具件套、车轮挡块（四块）等；
（2）设备：气缸压力表、备用电源、雪佛兰科鲁兹轿车（实训台架）；
（3）防护用品：翼子板布、前格栅布、车辆防护五件套等。

引导问题6：怎样检测驱动轮输出功率呢？

1. 检测前准备工作

（1）检测设备的准备。

①检查气缸压力表表针是否归零，单向阀工作是否正常，如图2-23所示。

②准备启动用备用电源。

（2）被检实训车辆或实训台架的准备。

①将实训车辆或实训台架安全停放，起动发动机运转至正常工作温度（发动机冷却液温度70 ℃～90 ℃），如图2-24所示。

图2-23　检查气缸压力表

图2-24　实训车辆（台架）检查

②关闭点火钥匙。

2. 检测方法及流程

（1）拆下燃油泵继电器或燃油泵保险，如图 2-25 所示。

（2）打开点火钥匙，起动发动机运转，直至发动机熄火。

（3）关闭点火钥匙。

（4）拆卸节气门体，如图 2-26 所示。

（5）清理火花塞孔周围的污物，拆卸火花塞，如图 2-27 所示；拔下喷油器导线连接线插。（同学们想想为什么？）

（6）将油门踩到底，使节气门全开；用起动机带动发动机转动。要求：转速不低于 150 r/min（柴油机不低于 300 r/min）；时间为 3~5 s；待气缸压力表指针指示并保持在最大数值时读数，每个气缸测量 3 次，选取最大值作为测量结果。（同学们想想，为什么不能选取平均值作为测量结果呢？）检测气缸压缩压力如图 2-28 所示。

（7）测量过程中如蓄电池电压不足，可使用启动用备用电源，保证蓄电池电量充足。

图 2-25 拆下燃油泵继电器或燃油泵保险

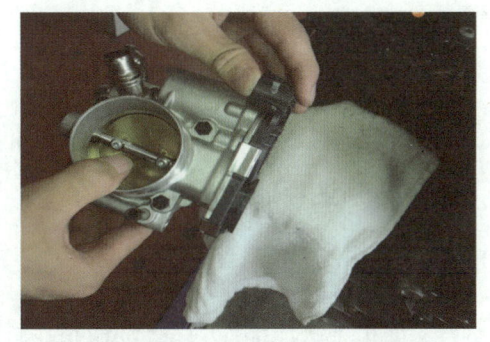

图 2-26 拆卸节气门体

图 2-27 拆卸火花塞

图 2-28 检测气缸压缩压力

（8）查阅维修手册，将测量数据与标准值进行比较，最大压力差不超过 100 kPa。

（9）拆下气缸压力表。

（10）安装燃油泵继电器或燃油泵保险。

（11）安装节气门体和火花塞。

（12）清理工具、设备。

3. 检测结果记录与分析

（1）检测结果记录。

将检测结果填写到表2-6，并查找相关技术资料，判断发动机气缸压缩压力是否满足要求。

表2-6 检测结果记录表

测量值＼气缸数	第一缸	第二缸	第三缸	第四缸
气缸压缩压力值1				
气缸压缩压力值2				
气缸压缩压力值3				
最大值				
标准值				
结论	□合格 □不合格	□合格 □不合格	□合格 □不合格	□合格 □不合格

（2）技术要求。

气缸的压力必须同时满足以下两个条件才能判断为合格。

①各缸压力值不低于标准值的80%（柴油机为90%）；

②各缸压力差不大于5%（柴油机为8%），各缸压力差 = $\dfrac{P_{max} - P_{min}}{P_{平均}} \times 100\%$。

式中　P_{max}——所测各缸数值中最大的；

　　　P_{min}——所测各缸数值中最小的；

　　　$P_{平均}$——所测各缸数值的算术平均数。

（3）发动机气缸压缩压力不合格的故障检测与分析。

某气缸在3次测量中，压力读数过高或过低，相差较大，则说明其进排气门有时关闭不严。

一个气缸或几个气缸压力偏低，可注入一定量的发动机机油到火花塞或喷油器安装孔内再测量气缸压力。若压力上升接近标准值，则说明该气缸、活塞环、活塞磨损过大或气缸壁拉伤等，需对发动机进行进一步拆检；如压力没有变化，则说明该缸进排气门关闭不严或气缸垫密封不良。

相邻的两气缸压力很低，其他气缸正常，加注机油后检测其压力依旧很低，说明相邻两缸气缸垫损坏，有串气现象。

个别缸或所有缸压力偏高，说明这些缸可能是混合气燃烧不全，产生积碳较多引发燃烧室容积变小所致，需用内窥镜检测发动机缸内情况；或者是发动机经大修，其缸径加大、缸盖结合平面磨削过大等使压缩比增大所导致的压力偏高。

4. 总结

请根据自己任务完成的情况，对自己的工作进行自我评估，总结工作中遇到的问题或出现的情况，并提出改进意见。

三、评价反馈

对本学习任务进行评价，填写表 2-7。

表 2-7 评分表

考核项目	评分标准	分数	学生自评	小组评价	教师评价	小计
活动参与	是否积极主动	5				
安全生产	有无安全隐患	10				
现场"5S"	是否做到	10				
任务方案	是否合理	15				
过程	1. 是否知道发动机曲柄连杆机构和配气机构的组成； 2. 是否知道气缸密封性检测的目的及检测项目； 3. 是否掌握气缸压缩压力的检测方法； 4. 是否知道气缸压缩压力过高或过低的故障原因	30				
任务完成情况	是否圆满完成	5				
工具和设备使用	是否掌握气缸压缩压力的检测方法	10				
劳动纪律	是否违反	10				
工单填写	是否完整、规范	5				
总分		100				
教师签名：			年 月 日		得分	

四、学习拓展

（1）CA6102发动机，气缸压力标准值为1.0 MPa，在进行气缸压力检测时，测得的气缸压力数值如下：

缸号	一缸	二缸	三缸	四缸	五缸	六缸
测量结果/MPa	0.95	0.96	0.95	0.98	0.96	0.98

问题：①气缸压力是否合格？
②哪些原因会导致不合格？
③怎么处理？

（2）某四缸发动机，气缸压力标准值为1.1 MPa。测得的气缸压力数值如下：

缸号	一缸	二缸	三缸	四缸
测量结果/MPa	1.0	0.99	1.0	0.85

问题：①气缸压力是否合格？
②哪些原因会导致不合格？
③怎么处理？

任务2.4 汽车动力性路试检测

学习目标

完成本学习任务后，你应当能：
1. 知道汽车动力性的评价指标；
2. 掌握汽车动力性的检测项目及评价指标；
3. 掌握汽车动力性路试条件；
4. 读取检测数据，对检测结果进行分析，进一步确定故障的原因。
建议完成本学习任务的时间为4个课时。

学习任务描述

一辆货车行驶一定里程以后,发动机开始出现无负荷运转时基本正常、有负荷运转时加速缓慢、上坡无力、加速踏板踩到底时仍感到动力不足、发动机转速提高很困难、达不到最高车速的现象。那么,经过前面的检测,如何进一步解决这一问题?我们就要进行汽车路试的检测。

一、资料收集

汽车的动力性能还可以通过室外试验即道路试验来评定。道路试验是使汽车在不同环境条件的道路上进行的,是最符合实际、最基本的评定方法。但由于道路试验受到道路条件、风向、风速、驾驶技术等因素的影响,而且这些因素可控性较差,故应用较少。

引导问题1:汽车动力性评价指标有哪些?

汽车动力性是指在良好、平直的路面上行驶时,汽车由所受到的纵向外力决定的、所能达到的平均行驶速度。汽车的动力性越好,平均行驶速度就高,汽车的运输效率也就越高。从获得尽可能高的平均行驶速度的观点出发,汽车动力性主要由汽车的最高车速、加速性能和最大爬坡度三方面的指标来评定。

1. 汽车的最高车速

汽车的最高车速是指汽车以额定的最大总质量,在风速不大于 3 m/s 的条件下,在干燥、清洁、平坦的混凝土或沥青路面上,汽车能够达到的最高稳定行驶速度,用 V_{max} 来表示,单位 km/h。部分车型的最高车速如表 2-8~表 2-13 所示。

表 2-8 微型(经济型)轿车(发动排量 /L ≤ 1.0)的最高车速

车型	最高车速
奥拓 0.8	120 km/h
吉利 1.0	120 km/h
夏利 1.0	137 km/h
奇瑞 QQ 0.8	130 km/h

表 2-9　普及（紧凑）型轿车（1.0＜发动排量/L ≤ 1.6）的最高车速

车型	最高车速
赛欧 1.6	165 km/h
富康 1.6	180 km/h
捷达 1.6	170 km/h
飞度 1.5CVT	175 km/h

表 2-10　中级轿车（1.6＜发动机排量/L ≤ 2.5）的最高车速

车型	最高车速
宝马 318i	214 km/h
本田雅阁 2.4	197 km/h
蒙迪欧 2.0	205 km/h
奥迪 A4 2.0	230 km/h

表 2-11　中高级轿车（2.5＜发动机排量/L ≤ 4.0）的最高车速

车型	最高车速
赛威 2.8	201 km/h
奥迪 A6L 2.8	235 km/h
宝马 530i	250 km/h
奔驰 E 280	250 km/h

表 2-12　高级轿车（发动机排量/L＞4.0）的最高车速

车型	最高车速
红旗 CA7460	185 km/h
奔驰 S600（5.8 L）	250 km/h
迈巴赫（5.5 L）	250 km/h
劳斯莱斯幻影（6.7 L）	240 km/h

表 2-13　SUV 的最高车速

车型	最高车速
宝马 X5（4.4 L）	230 km/h
大众途锐（3.0 L）	197 km/h
悍马 H2（6.0 L）	180 km/h
帕杰罗速跑（3.0 L）	175 km/h

通过以上数据的对比分析，能得到：

（1）发动机排量越大，汽车最高车速越高；

（2）配置相同发动机的前提下，手动挡比自动挡车速更高；

（3）发动机排量相同的前提下，车身越小，最高车速越高；

（4）SUV 配备的发动机排量普遍较大，但与配备相同发动机排量的轿车相比，最高车速要低。

2. 汽车的加速性能

汽车的加速性能是指在行驶中迅速增加行驶速度的能力。通常用汽车加速时间来评价。而汽车加速时间分原地起步加速时间与超车加速时间两种。

（1）原地起步加速时间。

原地起步加速时间指汽车由 1 挡或 2 挡，并以最大的加速强度逐步换至最高挡，达到某一车速或距离所需的时间。一般常用原地起步行驶，从 0→100 km/h 车速所需的时间来表明汽车原地起步加速能力；也有用原地起步从以 0→400 m 距离所需的时间来表明汽车原地起步加速能力。

① 0→100 km/h 的加速时间。

部分车型的 0→100 km/h 的加速时间如表 2-14 所示。

表 2-14 部分车型的 0→100 km/h 的加速时间

车型	0~100 km/h 的加速时间
飞度 1.5L	12.0 s
奥迪 A8	7.0 s
宝马 750	6.6 s
奔驰 S600	6.5 s
宝来 1.8 M（手动挡）/A（自动挡）	11.1 s/12.7 s
宝来 1.8T M（手动挡）/A（自动挡）	9.0 s/10.5 s
法拉利 575M Maranello	4.2 s
保时捷 911	3.9 s
兰博基尼 Gallardo	4.2 s

通过以上数据的对比分析，能得到：手动挡汽车的加速时间更短。

② 静止到 400 m 或静止到 1 km 的冲刺时间。

奥迪 A6 1.8T 汽车从静止到 400 m 的冲刺时间为 7.9 s；静止到 1 km 的冲刺时间为 33.4 s；在一般的技术参数中往往不给此项数据。

（2）超车加速时间。

超车加速时间指用高挡由某一较低车速全力加速至某一高速所需的时间。超车加速时间一般采用以最高挡或次高挡由 30 km/h 或 40 km/h 全力加速至某一高速所需的时间。还有用加速过程曲线即车速—时间关系曲线全面反映加速能力的。

宝马 520i 在不同速度下的加速时间如表 2-15 所示。

表 2-15 宝马 520i 在不同速度下的加速时间

速度	超车加速时间
60~100 km/h（4 挡 /5 挡）	10.8 s / 13.7 s
80~120 km/h（4 挡 /5 挡）	10.6 s/ 14.1 s

通过以上数据的对比分析，能得到：低挡的超车加速能力更强。

3. 汽车的最大爬坡度

汽车的上坡能力是用满载时汽车在良好路面上的最大爬坡度（i_{max}）来表示的。最大爬坡度是指汽车满载时在良好路面上用一挡克服的最大道路纵向坡度。坡度示意图如图 2-29 所示，坡度 $i=\tan \alpha=\dfrac{h}{S}$。

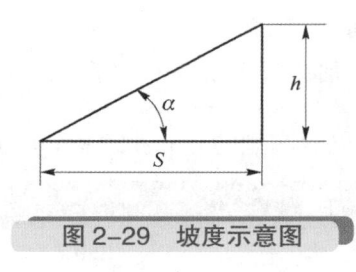

图 2-29 坡度示意图

在各种车辆中，越野车的最大爬坡度最大（i_{max}=60%），货车（i_{max}=30%，约为 16.5°）次之，轿车一般不强调爬坡度。

引导问题 2：汽车动力性的检测项目及评价指标有哪些？

汽车动力性在道路试验中的检测项目一般有高挡加速时间、起步加速时间、最高车速、陡坡爬坡车速、长坡爬坡车速等，有时为了评价汽车的拖挂能力，进行汽车牵引力检测。另外，有时为了分析汽车动力的平衡问题，采用高速滑行试验测定滚动阻力系数 f 及空气阻力系数 C_D。

引导问题 3：汽车动力性路试检测条件是什么？

汽车动力性路试检测条件包括汽车条件、道路条件、气象条件和测量仪器设备要求四方面。

1. 汽车条件

其要求汽车的发动机、传动、行驶、转向等系统完好无损，各轮胎气压正常，装载质量为厂定最大装载质量，客车乘员质量或替代重物也应符合规定要求。

试验前汽车应进行预热行驶，使发动机达到正常行驶温度。

2. 道路条件

进行最高车速试验的道路应是平坦、干燥、清洁的沥青或混凝土路面，路长 2~3 km，宽度不小于 8 m，纵向坡度在 0.1% 以内。进行最大爬坡度试验时，要求坡道长度不小于 25 m，坡度均匀，坡前应有 8~10 m 的平直路段。

3. 气象条件

试验应在没有雨雾的天气进行，气温在 0~40 ℃，相对湿度小于 95%，风速不大于 3 m/s。

4. 测量仪器设备要求

路试要求测量汽车行驶的速度、加速度、行驶里程、时间等，使用的仪器主要是"第五轮仪"或非接触式车速仪等。

（1）"第五轮仪"。

"第五轮仪"结构原理如图 2-30 所示。机械部分主要就是一个车轮，使用时拖在车后，故称为"第五轮"。

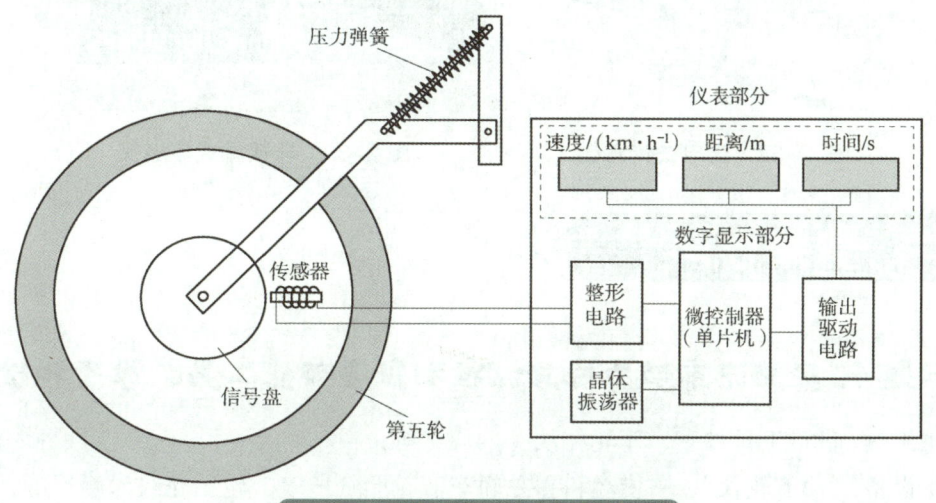

图 2-30 "第五轮仪"结构原理

"第五轮仪"的传感器有磁电式传感器和光电式传感器两种。

磁电式传感器产生的信号是非正弦周期信号，需经过整形电路处理后形成一系列脉冲，如图 2-31 所示。

光电式传感器可以直接产生脉冲信号，不需要整形处理，如图 2-32 所示。由于信号盘圆周上的齿或孔数是固定的，故车轮每转一周产生的脉冲数就是一定的。这样微控制器就可以根据单位时间接收到的脉冲数计算出车轮的转速，再根据转速可折算出汽车行驶速度（km/h），并根据行驶时间（s）计算出行驶距离（m 或 km）。

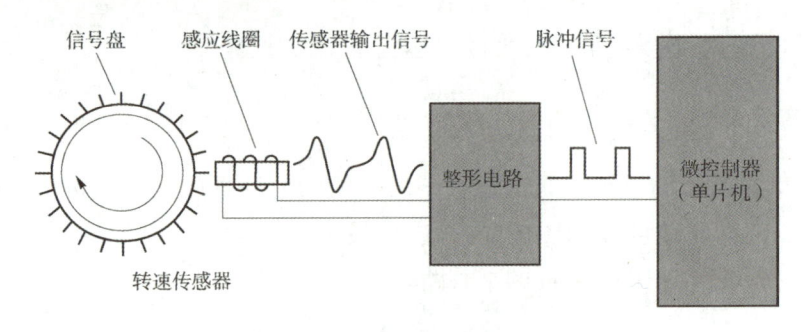

图 2-31 磁电式传感器

"第五轮仪"有时因路面状况不良而打滑，或因轮胎气压等原因而影响测试精度，而且不适合 180 km/h 以上的高速测试。因而近年来多采用非接触式车速仪代替"第五轮仪"。

（2）非接触式车速仪。

非接触式车速仪采用光电原理和滤波技术，投光器向地面发射光束，受光器根据地面的反射信号经过滤波处理后得到的光电信号频率来计算车速，如图 2-33 所示。

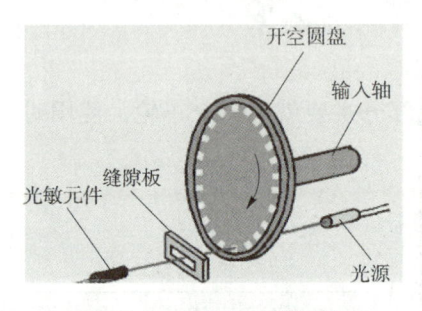

图 2-32 光电式传感器　　图 2-33 非接触式车速仪

二、实施作业

引导问题 4：实施汽车动力性路试检测需要哪些工具、设备和材料？

（1）工具：世达工具件套、车轮挡块（四块）等；
（2）设备："第五轮仪"、雪佛兰科鲁兹轿车、轮胎气压表、轮胎花纹深度尺等；
（3）防护用品：翼子板布、前格栅布、车辆防护五件套等。

引导问题 5：怎样实施汽车动力性路试检测呢？

1. 检测前准备工作

（1）检测设备的准备。
①对设备进行检测，看是否完好，如图 2-34 所示。

图 2-34　检查"第五轮仪"

②将设备组装好,并进行调试。

(2)被检实训车辆的准备。

①检查车辆工作状态。

②轮胎气压应符合汽车制造厂之规定,如图 2-35 所示。

③轮胎上有油污、泥土、水或花纹沟槽内嵌有石子时,应清理干净。

④轮胎花纹深度必须符合 GB 7258—2017《机动车运行安全技术条件》的规定,如图 2-36 所示。

图 2-35　轮胎气压检测　　　图 2-36　检测轮胎花纹深度

⑤起动发动机运转,使发动机冷却液温度达到正常工作温度。

⑥检查汽车传动系统的连接状况。

2. 检测方法及流程

(1)最高车速试验:试验前,应先检查车辆的转向、制动等效能以保证安全。试验时,应关闭汽车门窗。直线道路测量区长度应至少 200 m,环形道路测量区长度应至少 2 000 m,测试区应保留足够的加速路段,使汽车在进入测量路段前即能够达到最高稳定车速。

试验车在加速期间以最大加速状态行驶,加速踏板踩到底,换入最高车速对应挡位,使汽车以最高、稳定的车速通过测试路段。

(2)加速性能试验。

汽车的加速性能与动力性能有直接的关系。加速性能试验分为原地起步加速试验和超车加速试验。

3. 检测结果记录与分析

将检测结果填写到表 2-16，并查找相关技术资料，判断发动机气缸压缩压力是否满足要求。

表 2-16 检测结果记录表

项　目	结　论
最高车速	km/h
加速性能	
结论（是否合格）	□合格　□不合格

4. 总结

请根据任务完成的情况，对工作进行自我评估，总结工作中遇到的问题或出现的情况，并提出改进意见。

三、评价反馈

对本学习任务进行评价，填写表 2-17。

表2-17 评分表

考核项目	评分标准	分数	学生自评	小组评价	教师评价	小计
活动参与	是否积极主动	5				
安全生产	有无安全隐患	10				
现场"5S"	是否做到	10				
任务方案	是否合理	15				
过程	1. 是否掌握汽车动力性的评价指标； 2. 是否知道汽车动力性的检测项目及评价指标； 3. 是否知道汽车动力性路试条件	30				
任务完成情况	是否圆满完成	5				
工具和设备使用	是否掌握汽车动力性路试的检测方法	10				
劳动纪律	是否违反	10				
工单填写	是否完整、规范	5				
总分		100				
教师签名：			年 月 日		得分	

四、学习拓展

根据所学的知识，查找资料，请你和小伙伴一起讨论影响汽车动力性的主要因素有哪些。

学习任务 3
检测汽车经济性能

学习任务 3　检测汽车经济性能

任务 3.1　汽车燃油消耗量检测

学习目标

完成本学习任务后，你应当能：
1. 知道汽车燃油经济性评价指标及国家标准；
2. 掌握汽车油耗检测的方法；
3. 掌握汽车油耗试验的设备构成及使用方法；
4. 熟练地在指定设备上完成汽车油耗的检测；
5. 读取检测数据，对检测结果进行分析，确定汽车油耗量偏高的故障诊断方法。

建议完成本学习任务的时间为 4 个课时。

学习任务描述

一辆轿车行驶 10 万 km 以后，发动机开始出现怠速抖动、油耗明显增大的现象。那么，如何解决这一问题？我们首先要进行汽车油耗的检测。

一、资料收集

在保证动力性的前提下，汽车以尽量少的燃油消耗量经济行驶的能力，称为汽车燃油经济性。

引导问题1：汽车燃油经济性的评价指标有哪些？

汽车燃油经济性即汽车以尽量少的燃油消耗量完成单位运输工作量的能力，或单位行程的燃油消耗量。汽车燃油经济性的评价指标通常有以下几种方式：

1. 单位行驶里程的燃油消耗量

单位行驶里程的燃油消耗量，也称为百公里油耗。在我国及欧洲，常用汽车在一定运行工况下行驶 100 km 所消耗的燃油升数来评价燃油经济性，单位为 L/100 km。数值越小，表明汽车燃油经济性越好。

2. 消耗单位量的燃油所行驶的里程

在美国，采用汽车在一定运行工况每消耗 1 加仑燃油所能行驶的英里数来评价燃油经济性，单位为 mile/Usgal；而日本则采用每消耗 1 升燃油所能行驶的公里数来评价燃油经济性，单位为 km/L。数值越大，表明汽车燃油经济性越好。

思考：这两种指标为什么要在一定运行工况下评价汽车燃油经济性？

3. 单位运输工作量的燃油消耗量

对于比较不同类型、不同装载质量汽车的燃油经济性，则要用单位运输工作量的燃油消耗量表示。

一般，排量大的车，油耗高；整备质量大的车，油耗高；城市油耗高于公路油耗；自动挡汽车的油耗高于手动挡汽车的油耗。

引导问题 2：汽车燃油经济性的检测方法有哪些？

1. 按试验工况分类

（1）等速百公里油耗。

实用汽车燃油经济性常用等速百公里燃油消耗量（简称等速油耗）来评价，即汽车在额定载荷下，以最高挡在水平良好路面上等速行驶 100 km 的燃油消耗量。图 3-1 所示为某汽车等速百公里燃油消耗量曲线。

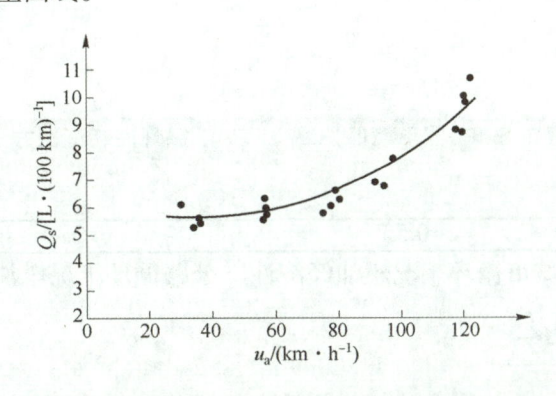

图 3-1　某汽车等速百公里燃油消耗量曲线

（2）循环油耗。

循环油耗是指在一段指定的典型路段内汽车以等速、加速和减速三种工况行驶的耗油量。有些还要计入起动和怠速停车等工况的耗油量，然后折算成百公里耗油量。一些汽车的技术性能表将循环油耗标注为"城市油耗"，而将等速百公里油耗标注为"等速油耗"。循环油耗在欧洲经济委员会（ECE）和美国环境保护局（EPA）有不同的测试方法。

①欧洲经济委员会（ECE）循环油耗测试方法。

欧洲经济委员会（ECE）循环油耗测试方法如图 3-2 所示。

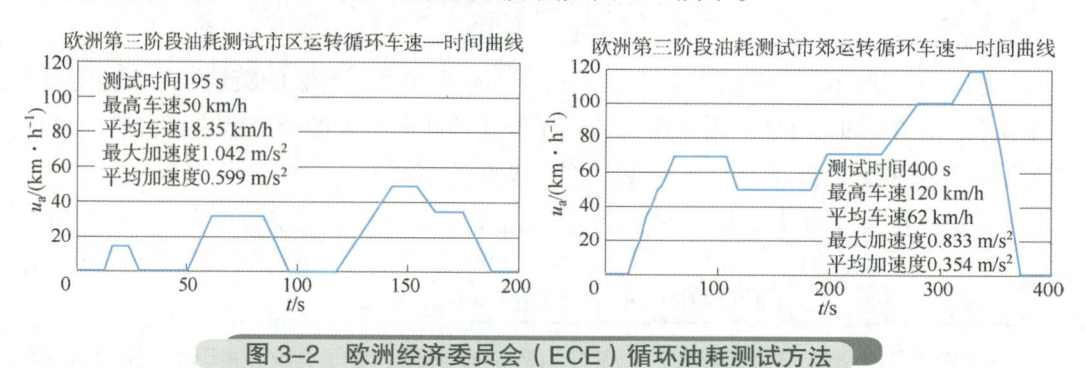

图 3-2　欧洲经济委员会（ECE）循环油耗测试方法

②美国环境保护局（EPA）循环油耗测试方法。

美国环境保护局（EPA）循环油耗测试方法如图 3-3 所示。

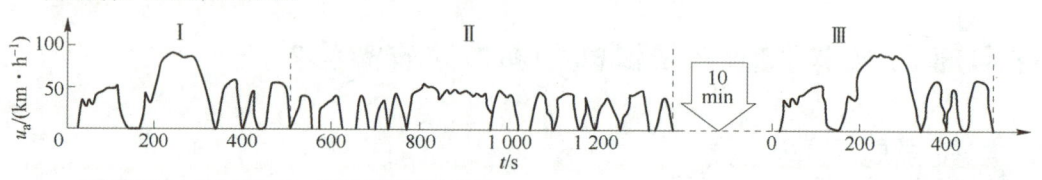

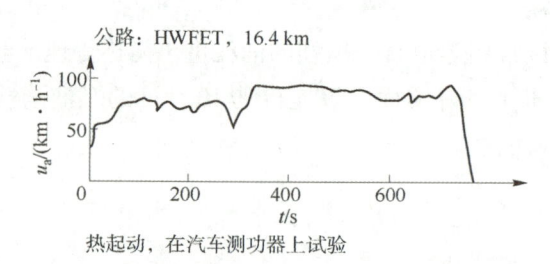

图 3-3　美国环境保护局（EPA）循环油耗测试方法

$$综合燃油经济性 = \frac{1}{\dfrac{0.55}{城市循环工况燃油经济性} + \dfrac{0.45}{公路循环工况燃油经济性}}$$

2. 按试验场地分

（1）路试法。

①不控制的道路试验。

不控制的道路试验是指对行驶道路、交通情况、驾驶习惯和周围环境等各方面因素都不加控制的道路试验方法。各种使用因素的随机变化，使得要获得分散度小的数据很困难。

②控制的道路试验。

测量燃料消耗时维持行驶道路、交通情况、驾驶习惯和周围环境等中的一个或几个因素不变的方法，称作控制的道路试验。

③循环道路试验。

循环道路试验指的是汽车完全按规定的车速—时间规范进行试验。何时换挡、何时制动以及行车的速度、加速度和制动减速等都在规范中加以规定。

（2）台试法。

台试法是指用底盘测功机构成汽车行驶状态模拟系统，在室内模拟各种道路试验工况，即通过加载方式模拟汽车在道路上行驶时所受到的惯性阻力、滚动阻力、空气阻力及负荷特性等，然后用燃油消耗测量仪测定汽车的等速（或循环）燃油消耗量。

引导问题 3：汽车燃油经济性的检测设备有哪些与如何使用？

汽车油耗检验台检测是在底盘测功机和油耗仪配合使用下完成的。底盘测功机用于提供活动路面并模拟汽车在道路上行驶时的阻力，油耗仪则主要用于燃油消耗量的测量。而油耗仪种类繁多，有容积式、重量式、流量式、流速式等测量方法。大多数油耗计都能连续、累计测量，但测试的流量范围和流量误差各不相同，在这里我们主要介绍目前应用最广泛的容积式的测量方法。

1. 容积式油耗计

容积式油耗计按传感器的结构分类，有膜片式、活塞式和量管式；按计量显示仪表分类，有电磁计数器式和数字显示式。

四活塞式车用油耗计的传感器由流量测量机构和信号转换机构组成。流量测量机构主要由十字形配置的四个活塞和旋转曲轴构成，用于将一定容积的燃油流量转变为曲轴的旋转。在泵油压力作用下，燃油推动活塞往复运动，四个活塞各往复运动一次，曲轴旋转一周，完成一个工作循环。

2. 电喷汽车油耗仪的结构

电喷汽车油耗仪包括 FP_2140H 型高精度流量传感器、安全阀、减压阀、燃油泵、温度及压力传感器、回油处理装置等。其连接关系如图 3-4 所示。

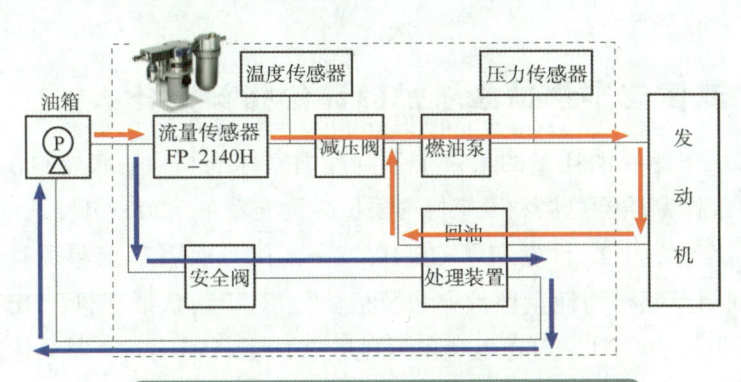

图 3-4 电喷汽车油耗仪的结构连接示意图

学习任务 3　检测汽车经济性能

3. 检测油路的连接与油路中气泡的排除

（1）油路的连接。

对于电控燃油喷射发动机，油耗计传感器应串接在燃油滤清器与燃油分配管之间，从燃油压力调节器经回油管流回燃油箱的燃油应改接在油耗计传感器与燃油分配管之间，避免重复计量，如图3-5所示。

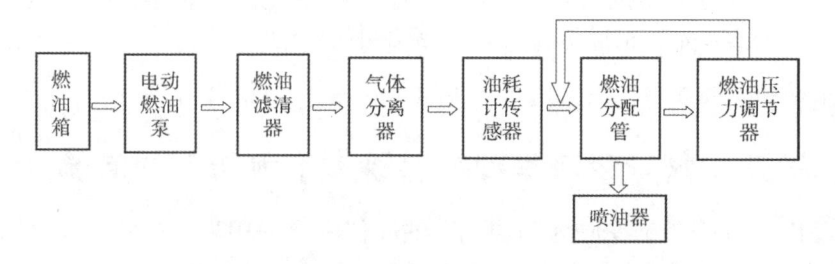

图3-5　电控汽油车检测油路的连接

对于柴油机，油耗计传感器应串接在柴油滤清器与喷油器之间，从高压回油管和低压回油管流回的柴油应接在油耗计传感器与喷油器之间，以免重复计量，串接好的油耗计传感器应放置平稳或吊挂牢固。

（2）油路中气泡的排除。

油路中的气泡对油耗检测结果影响很大，油耗计传感器将会把气泡所占的容积当作燃油消耗量计量，使得检测数据高于实际数，造成测量值的失真。因此，测量开始前应将管路中的气体排净。比较妥当的办法是在油耗计传感器的进口处串接气体分离器，以保证测量精度。当混有气体的燃油进入分离器浮子室时，气体会迫使浮子室内的油平面下降，针阀打开，气体排出进入大气，从出油管进入传感器的燃油便没有气体了，使测量精度提高。

①汽油机：把车上从油箱到汽油泵的管路"短路"，装上密封性好的无堵塞的新油管，用性能较稳定的电动汽油泵和汽油滤清器代替原车相应部件，减短油泵到传感器的油管长度，使油泵到油耗传感器的阻力大大减小，从而避免了空气气泡对检测结果的不良影响。

②柴油机：在油路中装好油耗计传感器后，用手动泵泵油，以泵油压力排除油路中的空气泡。此项工作须在发动机起动之前完成，且在测量完拆去油耗计传感器恢复原油路后仍需排除油路中刚产生的空气泡。

引导问题 4：我国汽车燃油经济性的评价指标是什么？

我国控制乘用车燃料消耗量的第一个强制性国家标准《乘用车燃料消耗量限值》，于2004年9月2日经国家质检总局和国家标准委员会批准发布，2005年7月1日正式实施。

我国在2014年12月22日发布了GB 19578—2014《乘用车燃料消耗量限值》和GB 27999—2014《乘用车燃料消耗量评价方法及指标》。对于新认证车辆，GB 19578—2014的执行日期是2016年1月1日，对在生产车辆则是2018年1月1日。其具体限值的要求列在表3-1中。

表 3-1　乘用车燃料消耗量限值

（单位：L/100 km）

整车整备质量（CM）/kg	GB 19578—2014 第一阶段	GB 19578—2014 第二阶段	GB 19578—2014	整车整备质量（CM）/kg	GB 19578—2014 第一阶段	GB 19578—2014 第二阶段	GB 19578—2014
CM ≤ 750	7.6	6.6	5.2	1 540<CM ≤ 1 660	12.0	10.8	8.1
750<CM ≤ 865	7.6	6.9	5.5	1 660<CM ≤ 1 770	12.6	11.3	8.5
865<CM ≤ 980	8.2	7.4	5.8	1 770<CM ≤ 1 880	13.1	11.8	8.9
980<CM ≤ 1 090	8.8	8.0	6.1	1 880<CM ≤ 2 000	13.6	12.2	9.3
1 090<CM ≤ 1 205	9.4	8.6	6.5	2 000<CM ≤ 2 110	14.0	12.6	9.7
1 205<CM ≤ 1 320	10.1	9.1	6.9	2 110<CM ≤ 2 280	14.5	13.0	10.1
1 320<CM ≤ 1 430	10.7	9.8	7.3	2 280<CM ≤ 2 510	15.5	13.9	10.8
1 430<CM ≤ 1 540	11.3	10.3	7.7	CM>2 510	16.4	14.7	11.5

二、实施作业

引导问题 5：实施汽车燃油消耗量检测需要哪些工具、设备和材料？

（1）工具：世达工具件套、车轮挡块（四块）等。

（2）设备：底盘测功机、油耗检测仪、雪佛兰科鲁兹轿车、轮胎气压表、轮胎花纹深度尺等。

（3）防护用品：翼子板布、前格栅布、车辆防护五件套等。

引导问题 6：怎样实施汽车燃油消耗量检测呢？

1. 检测前准备工作

（1）检测设备的准备。

①底盘测功机应预热至正常工作温度，如图 3-6 所示。

②安装油耗检测仪和气体分离器，并排除供给系统中的气体，如图 3-7 所示。

图 3-6　底盘测功机准备　　图 3-7　油耗检测仪准备

学习任务 3 检测汽车经济性能

（2）被检实训车辆的准备。

①检查车辆工作状态。

②轮胎气压应符合汽车制造厂之规定，如图 3-8 所示。

③轮胎上有油污、泥土、水或花纹沟槽内嵌有石子时，应清理干净。

④轮胎花纹深度必须符合 GB 7258—2017《机动车运行安全技术条件》的规定，如图 3-9 所示。

图 3-8　轮胎气压检测　　图 3-9　检测轮胎花纹深度

⑤起动发动机，使发动机冷却液温度达到正常工作温度。

2. 检测方法及流程

（1）将汽车开上底盘测功机，落下举升器，变速器置于直接挡，同时给滚筒加载，使车辆模拟满载等速行驶，直至达到规定试验车速，如图 3-10 所示。

（2）待车速稳定后，测量不低于 500 m 行程的燃料消耗量。连续测量 2 次，取其算术平均值，即为等速行驶燃料消耗量，再计算等速百公里燃料消耗量。

图 3-10　在底盘测功机上检测

3. 检测结果记录与分析

将检测结果填写到表 3-2 中，并查找相关技术资料，判断汽车燃油消耗量是否满足要求。

表 3-2　检测结果记录表

评价指标	结论
等速百公里燃料消耗量	L/100 km
结论（是否合格）	□合格　□不合格

引导问题 7：汽车油耗不合格（过高）故障有哪些原因及进行哪些分析？

1. 检查发动机技术状况

（1）汽油机进气系统积碳过多；

（2）点火系统工作不良；
（3）喷油系统工作不良；
（4）活塞、活塞环与气缸缸壁磨损过大；
（5）气门机构密封不严或气门间隙过大；
（6）发动机温度过高或过低，如图3-11所示。

2. 检查底盘技术状况

（1）离合器有打滑故障；
（2）变速器各轴、轴承、齿轮之间的配合间隙过小；
（3）前束调整不当；
（4）制动系统有拖滞现象，如图3-12所示。

图3-11 检查发动机技术状况　　图3-12 检查底盘技术状况

3. 总结

请根据任务完成的情况，对工作进行自我评估，总结工作中遇到的问题或出现的情况，并提出改进意见。

三、评价反馈

对本学习任务进行评价，填写表 3-3。

表 3-3 评分表

考核项目	评分标准	分数	学生自评	小组评价	教师评价	小计
活动参与	是否积极主动	5				
安全生产	有无安全隐患	10				
现场"5S"	是否做到	10				
任务方案	是否合理	15				
过程	1. 是否知道汽车燃油经济性评价指标及国家标准； 2. 是否掌握汽车油耗检测的方法； 3. 是否掌握汽车油耗试验的设备构成及使用方法； 4. 是否掌握汽车油耗量高的故障分析方法	30				
任务完成情况	是否圆满完成	5				
工具和设备使用	是否掌握汽车燃油经济性的检测设备与使用的方法	10				
劳动纪律	是否违反	10				
工单填写	是否完整、规范	5				
	总分	100				
教师签名：				年 月 日	得分	

四、学习拓展

根据所学的知识，查找资料，请你和小伙伴一起讨论汽车油耗过高的解决方法与途径。

任务3.2 汽车油耗路试检测

学习目标

完成本学习任务后，你应当能：
1. 知道汽车油耗路试检测条件；
2. 掌握汽车油耗路试检测的设备及使用方法；
3. 知道在特定路段完成汽车油耗路试检测的基本方法；
4. 读取检测数据，并对检测结果进行分析，进一步确定故障的原因。

建议完成本学习任务的时间为2个课时。

学习任务描述

一辆轿车行驶10万km以后，发动机开始出现怠速抖动、油耗明显增大的现象。前面已讲过汽车油耗检验台的检测，接下来我们就要进行汽车油耗路试的检测。

一、资料收集

引导问题1：汽车油耗量路试的条件有哪些？

1. 汽车条件

汽车在进行工况循环燃料消耗量试验时不需要磨合，但在进行等速行驶燃料消耗量试验

69

学习任务 3　检测汽车经济性能

时需要磨合，磨合至少应行驶 3 000 km。

试验车辆各性能应保证正常，汽车的装载质量、轮胎气压等都应符合规定，润滑油和燃油都应符合车辆制造厂的规定。

试验车辆应根据制造厂的规定调整发动机和车辆底盘操纵件。

试验前，汽车应放在环境温度为 20 ℃ ~30 ℃ 的环境下至少 6 h，直至发动机润滑油温度和冷却液温度达到该环境温度 ±2 ℃，车辆应在常温下运行之后的 30 h 内进行试验。

试验时，应关闭车窗和驾驶室通风口。

2. 燃料消耗量的测量条件

距离的测量准确度应为 0.3%，时间的测量准确度应为 0.2 s，燃料消耗量、行驶距离和时间的测量装置应同步启动。

3. 环境条件

试验应在没有雨雾的天气进行，气温在 5 ℃ ~35 ℃，大气压力应在 91~104 kPa，相对湿度小于 95%，风速不大于 3 m/s，阵风风速不大于 5 m/s。

4. 测试仪器条件

车速测试仪器和油耗计的精度应为 0.5%，计时器最小读数为 0.1 s。

引导问题 2：路试的主要测试项目有哪些？

路试的主要测试项目：直接挡全节气门加速燃料消耗量试验、等速燃料消耗量试验、多工况燃料消耗量试验和限定条件下的平均使用燃料消耗量试验四种。在这里主要介绍直接挡全节气门加速燃料消耗量试验、等速燃料消耗量试验这两个项目。

二、实施作业

引导问题 3：实施汽车燃油消耗量路试检测需要哪些工具、设备和材料？

（1）工具：世达工具件套等；
（2）设备：油耗检测仪、雪佛兰科鲁兹轿车、轮胎气压表、轮胎花纹深度尺等；
（3）防护用品：翼子板布、前格栅布、车辆防护五件套等。

引导问题 4：怎样实施汽车燃油消耗量检测呢？

1. 检测前准备工作

（1）检测设备的准备。

试验测试路段长度至少为 2 000 m，路试实训车辆工作正常，如图 3-13 所示。

（2）被检实训车辆的准备。

①检查车辆工作状态；

②轮胎气压应符合汽车制造厂之规定，如图 3-14 所示；

图 3-13　路试实训车辆准备　　　　图 3-14　测量轮胎气压

③轮胎上有油污、泥土、水或花纹沟槽内嵌有石子时，应清理干净；

④轮胎花纹深度必须符合 GB 7258—2017《机动车运行安全技术条件》的规定，如图 3-15 所示；

⑤起动发动机，使发动机冷却液温度达到正常工作温度。

2. 检测方法及流程

（1）直接挡全油门加速燃料消耗量试验。

试验时，汽车挂直接挡（没有直接挡可用最高挡），以（30±1）km/h 的速度稳定通过 50 m 的预备段，在测试路段的起点开始，油门全开，加速通过测试路段，测量并记录通过测试段的加速时间、燃料消耗量及汽车在测试段终点时的速度，如图 3-16 所示。

图 3-15　检测轮胎花纹深度　　　　图 3-16　直接挡全油门加速燃料消耗量试验

试验往返各进行两次，测得同方向加速时间的相对误差不大于 5%。取 4 次加速时间试验结果的算术平均值作为测定值，且要符合该车技术条件的规定。

（2）等速燃料消耗量试验。

试验车速从 20 km/h（最小稳定车速高于 20 km/h 时，起始车速定为 30 km/h）开始，以每隔 10 km 均匀选取车速，测量通过 2 000 m 试验路段的燃油消耗量和通过时间。测试车速直到最高车速的 90% 为止，至少测定 5 个车速。同一车速往返各进行两次，取 4 次试验结果的算术平均值作为测定值，以消除风和坡度对测试结果的影响，如图 3-17 所示。

3. 检测结果记录与分析

将检测结果填入表 3-4，并查找相关技术资料，判断汽车燃油消耗量是否满足要求。

图 3-17　等速燃料消耗量试验

表 3-4　检测结果记录表

评价指标	结论
直接挡全油门加速燃料消耗量	L/100 km
等速百公里燃料消耗量	L/100 km
结论（是否合格）	□合格　□不合格

4. 总结

请根据任务完成的情况，对工作进行自我评估，总结工作中遇到的问题或出现的情况，并提出改进意见。

三、评价反馈

对本学习任务进行评价，填写表3-5。

表3-5　评分表

考核项目	评分标准	分数	学生自评	小组评价	教师评价	小计
活动参与	是否积极主动	5				
安全生产	有无安全隐患	10				
现场"5S"	是否做到	10				
任务方案	是否合理	15				
过程	1. 是否知道汽车油耗路试的条件； 2. 是否掌握汽车油耗路试的主要测试项目； 3. 是否掌握汽车油耗路试的基本方法	30				
任务完成情况	是否圆满完成	5				
工具和设备使用	是否掌握汽车油耗路试的检测设备与使用的方法	10				
劳动纪律	是否违反	10				
工单填写	是否完整、规范	5				
总分		100				
教师签名：			年　　月　　日		得分	

四、学习拓展

根据所学的知识，查找资料，请你和小伙伴一起讨论多工况燃料消耗量试验的相关知识。

学习任务 4
检测汽车制动性能

任务 4　检测汽车制动性能

学习目标

完成本学习任务后，你应当能：
1. 描述汽车制动性能的评价指标；
2. 理解汽车的制动过程；
3. 分析提高制动性能的措施；
4. 运用检测设备完成汽车制动性能的检测；
5. 对检测结果进行分析判定。

建议完成本学习任务的时间为 6 个课时。

学习任务描述

某科鲁兹轿车行驶 4 万 km，出现制动性能下降现象。汽车制动效能不良严重时可能出现制动时丧失定向行驶能力，引发交通事故。汽车的制动性能是指汽车在行驶中强制降低车速以至停车且维持方向稳定的能力，以及在一定坡道上可靠停驻的能力。那么如何解决这一问题？我们首先要进行汽车制动性能的检测。

一、资料收集

引导问题 1：哪些原因会导致汽车制动效能不良？

当发现汽车制动效能不良时，主要的故障原因可能有制动液不足；制动踏板行程故障；液压传动装置故障；制动器故障。

1. 制动液不足故障分析

制动液是汽车液压制动系统中传递制动压力的介质，如果制动管路有泄漏导致制动液不足，制动液长期没有更换而变质，制动管路中有空气或者管壁积垢太厚，都会导致制动效能不良。

2. 制动踏板行程故障分析

在规定的制动踏板行程内，如果制动踏板自由行程过大，则工作行程就偏小，在制动时，不能使制动蹄完全张开，摩擦片与制动盘（鼓）没有完全接触，造成制动效能不良。

3. 液压传动装置故障分析

液压传动装置主要包括制动主缸、制动轮缸和真空助力器。制动主缸介于制动踏板与管路之间，用于将制动踏板传来的机械力转换为液压力，制动轮缸固定在制动底板上，用于将制动主缸传来的液压力转换为使制动蹄张开的机械力。如果制动主缸或制动轮缸中制动液不足、活塞磨损、皮碗损坏，都会使液压力降低，不能使制动蹄完全张开，从而导致制动效能不良。

4. 制动器故障分析

摩擦片磨损过度、摩擦片与制动鼓之间的间隙不当，或者制动鼓散热不良，在高温下热衰退而使摩擦系数下降，都会导致制动效能不良。

引导问题 2：汽车制动力是怎样产生的？

1. 地面制动力

汽车在良好路面上制动时，车轮受力情况如图4-1所示。制动器制动力矩对车轮的作用，使地面对车轮产生一个与汽车行驶方向相反的切向反作用力称为地面制动力 F_{xb}，单位为 N。它的大小取决于制动器内制动摩擦片与制动鼓（盘）间的摩擦力及轮胎与地面间的摩擦力（附着力）。由力矩平衡分析可以得到 $F_{xb}=\dfrac{T_\mu}{r}$。

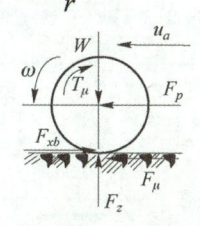

图 4-1 制动时车轮受力情况

2. 制动器制动力

制动器制动力是为克服制动器摩擦力矩而在轮胎周缘所需施加的切向力，用 F_μ 表示，单位为 N。制动器制动力 F_μ 取决于制动器的摩擦力矩和车轮半径。对于结构、尺寸和摩擦副材料一定的车轮制动器，F_μ 与制动踏板力成正比，大小为 $F_\mu = \dfrac{T_\mu}{r}$。

3. 地面制动力、制动器制动力与附着力的关系

地面制动力、制动器制动力及地面附着力之间的关系如图 4-2 所示，车轮做减速滚动时，车轮滚动时的地面制动力等于制动器制动力，其值不能超过地面附着力，即 $F_{xb} = F_\mu \leqslant F_\varphi$；汽车只有具有足够的制动器制力，又能提供足够的地面附着力时，才能获得足够的地面制动力。

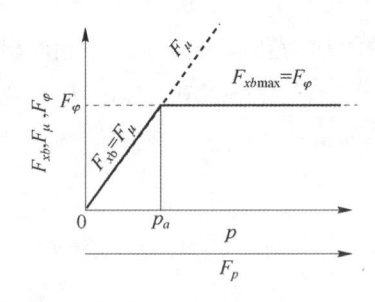

图 4-2 制动过程中地面制动力、制动器制动力及地面附着力之间的关系

引导问题 3：汽车制动性能的评价指标有哪些？

汽车的制动性能评价指标包括制动效能、制动效能的稳定性和制动时方向的稳定性。

1. 制动过程分析

汽车的制动过程分析如图 4-3 所示，它反映出制动过程中制动踏板力与制动减速度及制动时间的关系。

（1）驾驶员反应时间 t_1；

（2）制动系统协调时间 t_2；

（3）持续制动时间 t_3；

（4）制动释放时间 t_4。

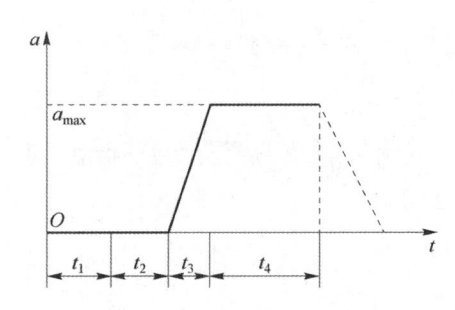

图 4-3 汽车制动减速度与制动时间的简化关系曲线图

2. 制动效能

制动效能是指汽车迅速降低行驶速度直至停车的能力，是制动性能最基本的评价指标。按照 GB 7258—2017《机动车运行安全技术条件》规定，制动效能的评价指标是制动距离、制动减速度和制动力。

（1）制动距离。

制动距离是指车辆在规定的初速度下踩制动踏板时，从驾驶员的脚接触到制动踏板时起至车辆完全停住，车辆所驶的距离 S。它包括制动系统协调时间 t_2 和以最大减速度持续制动时间 t_3 内汽车驶过的距离。

制动距离是评价汽车制动性能最直观的参数，用制动距离来评价汽车的制动性能具有一定的准确度，而且重复性较好。

（2）制动减速度。

制动减速度反映了制动时汽车速度降低的速率。制动减速度是一个确定值，制动初速度对减速度的影响不大。可采用速度分析仪、制动减速度仪测出上式中相关参数后再计算出平均减速度。制动减速度是一个整车性能参数，它反映不出各轮的制动力及分配情况。

（3）制动力。

质量一定的汽车，制动力越大，制动减速度越大，制动距离越短，对前后轴制动力的合理分配以及前后轴平衡制动力差提出要求。在检测了制动力大小、制动力合理分配及平衡制动力差的同时，还要检验制动协调时间。

3. 制动效能的稳定性

制动效能的稳定性包含抗热衰退性能和抗水衰退性能。

（1）抗热衰退性能。

抗热衰退性能是指汽车高速行驶制动、短时间重复制动或下长坡连续制动时制动效能的热稳定性。汽车下长坡制动及汽车高速行驶制动的情况下，制动器的工作温度不断上升，可达 300 ℃以上，制动器的摩擦系数下降，摩擦力矩显著下降，汽车的制动效能显著降低。制动效能的热衰退性和制动器摩擦副材料以及制动器结构有关。

（2）抗水衰退性能。

汽车涉水后，由于制动器被水浸湿，制动效能会降低，故称为制动效能的水衰退现象。汽车涉水后，应多踩压制动踏板几次，使制动蹄与制动鼓间因摩擦而产生热量，使制动器迅速干燥，使制动效能恢复正常。

4. 制动时方向的稳定性

汽车制动时的方向稳定性，通常用制动时汽车按给定轨迹行驶的能力来评价，即汽车制动时维持直线行驶或预定弯道行驶的能力。制动时方向不稳定就会引起制动跑偏、制动侧滑、失去转向能力等故障。

（1）制动跑偏。

制动跑偏是指制动时汽车自动向左或向右偏离正常轨迹行驶的现象。

制动时汽车跑偏的主要原因有两个：

①汽车左、右车轮，特别是前轴左、右车轮制动器的制动力不相等。造成左、右转向轮制动力不等的原因主要有：两侧车轮的制动蹄片接触情况不同；同轴两侧车轮制动蹄、鼓间隙不一致；两侧车轮的胎压不一致或胎面磨损不均；前轮定位参数失准；左右轴距不相等。

②制动时悬架导向机构与转向系统在运动上相互干涉。

（2）制动侧滑。

制动侧滑是指汽车制动时汽车的某轴或多轴发生横向滑动的现象，它直接影响汽车的操纵稳定性。汽车发生制动侧滑的原因是制动时侧向力超过了侧向附着力。汽车制动时，车轮滑移率增大，附着系数减小，侧滑的可能性就增大。车轮完全抱死拖滑时，滑移率达100%，附着系数几乎为零，稍有侧向力就会导致车轮沿侧向力方向滑动。

分析表明：制动时若后轴比前轴先抱死拖滑，就可能发生后轴侧滑。若前、后轴同时抱死，或者前轴先抱死而后轴抱死或不抱死，则能防止汽车后轴侧滑，但是汽车丧失转向能力。严重的跑偏必然侧滑，对侧滑敏感的汽车也有跑偏的趋势。通常，跑偏时车轮印迹重合，侧滑前、后印迹不重合。

（3）失去转向能力。

失去转向能力是指制动时汽车不再按原来弯道行驶，而沿切线方向驶出；或者直线行驶时，转动转向盘汽车仍按直线行驶的现象。失去转向能力的原因是转向轮抱死失去控制方向的能力。

引导问题 4：对汽车制动效能的国际检测标准是什么？

根据 GB 7258—2017《机动车运行安全技术条件》的要求，汽车制动性能的检测标准分为行车制动性能检测标准和驻车制动性能检测标准。

1. 行车制动性能检测标准

（1）制动力百分比要求。

汽车在平板制动检验台上测出的制动力应符合表 4-1 所示的要求。

表 4-1 台式检测制动力要求

机动车类型	制动力总和与整车重量的百分比		轴制动力与轴荷[a]的百分比	
	空载	满载	前轴[b]	后轴[b]
乘用车、其他总质量不大于 3 500 kg 的汽车	≥ 60%	≥ 50%	≥ 60%[c]	≥ 20%[c]

80

续表

机动车类型	制动力总和与整车重量的百分比 空载	制动力总和与整车重量的百分比 满载	轴制动力与轴荷[a]的百分比 前轴[b]	轴制动力与轴荷[a]的百分比 后轴[b]
铰接客车、铰接式无轨电车、汽车列车	≥55%	≥45%	—	—
其他汽车	≥60%	≥50%	≥60%[c]	≥50%[d]

a 用平板制动检验台检测乘用车、其他总质量小于或等于 3 500 kg 的汽车时应按左、右制动轮制动力最大时刻所分别对应的左、右轮动态轮荷之和计算。
b 机动车（单车）纵向中心线中心位置以前的轴为前轴，其他轴为后轴；挂车的所有车轴均按后轴计算；用平板制动检验台测试并装轴制动力时，并装轴可视为一轴。
c 空载和满载状态下测试均应满足此要求。
d 满载测试时后轴制动力百分比不作要求；空载用平板制动检验台检验时应大于或等于 35%；总质量大于 3 500 kg 的客车，空载用反力滚筒式制动检验台测试时应大于或等于 40%，用平板制动检验台时应大于或等于 30%。
注：对质量小于或等于整备质量的 1.2 倍的专项作业车应大于或等于 50%

（2）制动力平衡要求。

在制动力增长全过程中检测得左、右轮制动力差的最大值，与全过程中检测得该轴左、右轮最大制动力中较大者之比，对新注册车和在用车应分别符合如表 4-2 所示要求。

表 4-2 台式检验制动力平衡要求

类型	前轴	后轴 轴制动力大于等于该轴轴荷 60% 时	后轴 轴制动力小于该轴轴荷 60% 时
新注册车	≤20%	≤24%	≤8%
在用车	≤24%	≤30%	≤10%

（3）制动协调时间。

汽车的制动协调时间，对液压制动的汽车应小于等于 0.35 s，对气压制动的汽车应小于等于 0.60 s；汽车列车和铰接客车、铰接式无轨电车的制动协调时间应小于等于 0.80 s。

（4）车轮阻滞力。

进行制动力检验时，汽车、汽车列车各车轮的阻滞力均应小于等于车轮负荷的 10%。

（5）合格判定要求。

当采用平板制动检验台检测汽车、汽车列车行车制动性能时，检验结果必须同时满足上述四个条件，方为合格。

2. 驻车制动性能检测标准

当采用平板制动检验台检测汽车和三轮摩托车驻车制动装置的制动力时，机动车需空载，乘坐一名驾驶员，使用驻车制动装置，驻车制动力的总和应大于等于该车在测试状态下整车重量的 20%，但总质量为整备质量 1.2 倍以下的机动车应大于等于 15%。

引导问题 5：用什么设备检测汽车制动性能？它是怎么工作的？

汽车制动性能检测有台试法和路试法两种。路试法须在道路试验中进行，采用"第五轮仪"和制动减速度仪检测汽车制动性能。因为中等职业学校教学因素等，在这里我们不学习路试法检测汽车制动性能。

1. 台试法概述

台试法使用制动检验台进行检测，与路试法相比，台试法具有迅速、准确、经济、安全、不受自然条件的限制，检测可重复性好，能定量指示出各车轮的制动力等优点。

台式法根据测试原理的不同，可分为反力式和惯性式两类；根据检验台支撑车轮形式不同可分为滚筒式和平板式两类；根据检测参数不同可分为测制动力式、测制动距离式、测制动减速度式和综合式四种；根据检验台的测量、指示装置、传递信号的不同可分为机械式、液力式和电气式三类。

目前国内汽车综合性能检测站所用制动检验设备多为反力式滚筒制动检验台和平板式制动检验台。

2. 反力式滚筒制动检验台

（1）反力式滚筒制动检验台的结构。

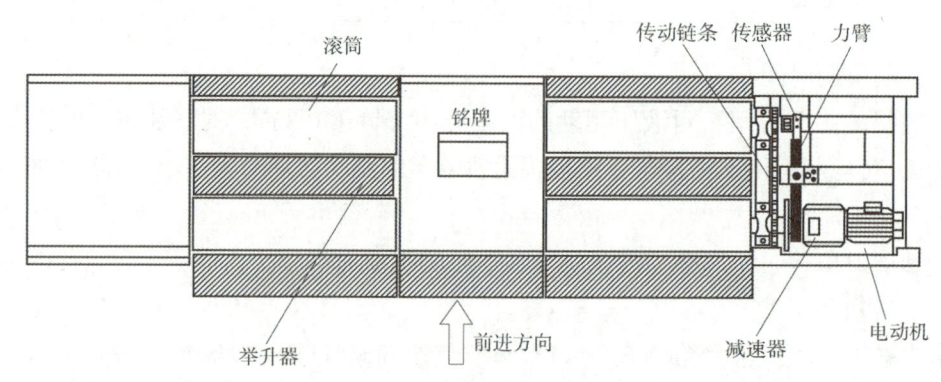

反力式滚筒制动检验台的结构简图如图 4-4 所示，实物如图 4-5 所示。它由结构完全相同的左右两套对称的车轮制动力测试单元和一套指示、控制装置组成。每一套车轮制动力测试单元由框架（多数检验台将左、右测试单元的框架制成一体）、驱动装置、滚筒组、测量装置、举升装置等构成。

图 4-4　反力式滚筒制动检验台的结构简图

驱动装置：驱动装置由电动机、减速器和传动链条等组成。

滚筒组：滚筒组由四个滚筒组成，左、右各一对独立设置，每个滚筒的两端分别用滚筒轴承与轴承座支承在框架上，且保持两滚筒轴线平行。

图 4-5　反力式滚筒制动检验台实物图

测量装置：测量装置由测力杠杆和测力传感器组成。

举升装置：举升装置由举升器、举升平板和控制开关组成。

指示与控制装置：指示装置有电子式与电脑式两种，控制指示面板分数据窗口、状态指示灯、操作按键三部分。

（2）反力式滚筒制动检验台的工作原理。

进行车轮制动力检测时，被检汽车驶上制动检验台，车轮置于主、从动滚筒之间，放下举升器（或压下第三滚筒，装在第三滚筒支架下的行程开关被接通）。通过延时电路起动电动机，经减速器、传动链条和主、从动滚筒带动车轮低速旋转，待车轮转速稳定后驾驶员踩下制动踏板。车轮在车轮制动器的摩擦力矩作用下开始减速旋转。此时电动机驱动的滚筒对车轮轮胎周缘的切线方向作用制动力以克服制动器摩擦力矩，维持车轮继续旋转。与此同时，车轮轮胎对滚筒表面切线方向附加一个与制动力方向反向等值的反作用力，在反作用力矩作用下，减速机壳体与测力杠杆一起朝滚筒转动相反方向摆动，如图 4-6 所示，测力杠杆一端的力或位移量经传感器转换成与制动力大小成比例的电信号。从测力传感器送来的电信号经放大滤波后，送往 A/D 转换器转换成相应数字量，经计算机采集、储存和处理后，检测结果由数码显示或由打印机打印出来。打印格式或内容由软件设计而定。一般可以把左、右轮最大制动力、制动力和、制动力差、阻滞力和制动力—时间曲线等一并打印出来。

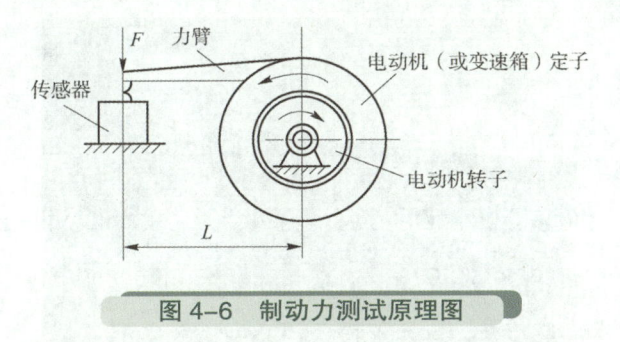

图 4-6　制动力测试原理图

由于制动力检测技术条件要求是以轴制动力占轴荷的百分比来评判的，故对总质量不同的汽车来说是比较客观的标准。为此除了设置制动检验台外，还必须配置轴重计或轮重仪，有些复合式滚筒制动检验台装有轴重测量装置。其称重传感器（应变片式）通常安装在每一车轮测试单元框架的 4 个支承脚处。

GB 7528—2017《机动车安全运行技术条件》中定义的制动协调时间是从驾驶员踩下制动踏板的瞬间作为起始计时点，为此，在制动测试过程中必须由驾驶员通过套装在汽车制动踏板上的脚踏开关向检验台、控制装置发出一个"开关"信号，开始时间计数，直到制动力与轴荷之比达到标准规定值的 75% 瞬间为止。这段时间历程即为制动协调时间，通常可以通过检验台的电脑执行相应程序来实现。

目前，采用的反力式滚筒制动检验台对具有防抱死（ABS）系统的汽车制动系统的制动性能，还无法进行准确的测试。主要原因是这些检验台的测试车速较低，一般不超过 5 km/h，而汽车制动防抱死系统均在车速 10~20 km/h 以上起作用，所以在上述检验台上检测车轮制动力时，车辆的防抱死系统不起作用，只能相当于对普通的液压制动系统的检测过程。

有的反力式滚筒制动检验台可以选择每一车轮制动力测试单元的滚筒旋转方向。两个测试单元的滚筒既可同向正转、同向反转，也可以一正一反旋转。具有这种功能的检验台可以检测多轴汽车（如三轴汽车的中轴和后轴，其间设有轴间差速器）的制动力。测试时使左、右车轮制动测试单元的滚筒转动方向一正一反，只采集正转时的制动力数据，这样可以省去检验台前、后设置自由滚筒装置。这是因为驱动轴内有轮间差速器的作用，当左、右车轮反向等速旋转时差速器壳与主减速器将不会转动。所以当被检测轴的车轮被滚筒带动时，另一在检验台外的驱动轴将不会被驱动。而对于装有轴间差速器的双后轴汽车可在一般的反力式滚筒制动台上逐轴测试每车轴的车轮制动力。

3. 平板式制动检验台

（1）基本结构。

平板式制动检验台如图 4-7 所示，是一种新型的制动检测设备，它利用汽车低速驶上平板后突然制动时的惯性力作用，来检测制动效果。其属于一种动态惯性式制动检验台，除了能检测制动性能外，还可以测试轮重、前轮侧滑和汽车的悬架性能，又是一种综合性检验台。

图 4-7 平板式制动检验台

这种检验台结构比较简单，主要由几块测试平板、传感器和数据采集系统等组成。小车线一般由四块制动—悬架—轴重测试用平板及一块侧滑测试板组成。数据采集系统由力传感器、放大器、多通道数据采集板等组成。

这种检验台结构简单、运动件少、用电量少、日常维护工作量小，提高了工作可靠性。测试过程与实际路试条件较接近，能反映车辆的实际制动性能，即能反映制动时轴荷转移带来的影响，以及汽车其他系统（如悬架结构、刚度等）对汽车制动性能的影响。该检验台不需要模拟汽车转动惯量，较容易将制动检验台与轮重仪、侧滑仪组合在一起，使车辆测试方便且效率高。但这种检验台存在测试操作难度较大（测试重复性主要取决于车况及驾驶员踩制动踏板快慢）、对不同轴距车辆适应性差、占地面积大、需要助跑车道等缺点。

（2）基本原理。

汽车在设计上为满足汽车行驶时的制动要求，提高制动稳定性，减少制动时后轴车轮侧滑和汽车甩尾，前轴制动力一般占 50%~70%，后轴制动力设计相对较少。除此以外，还充分利用汽车制动时惯性力导致车辆重心前移轴荷发生变化的特点，使前轴制动力可达到静态轴重的 140%，上述制动特性只有在道路试验时才能体现，在滚筒反力式检验台上，由于受设备结构和检验方法的限制，前轴最大制动力是无法测量出来的。

平板式制动检验台是一种低速、动态检测车辆制动性能的设备，其检测原理基于牛顿第二定理"物体运动的合外力等于物体的质量乘以加速度"，即制动力等于质量乘（负）加速度。检测时只要知道轴荷与减速度即可求出制动力。从理论上讲制动力与检测时车速无关，与刹车后的减速度相关。

检验时汽车以 5~10 km/h（或按出厂说明允许更高）速度驶上平板，置变速器于空挡并紧急制动。汽车在惯性作用下，通过车轮在平板上附加与制动力大小相等、方向相反的作用力，使平板沿纵向位移，经传感器测出各车轮的制动力、动态轮重，并由数据采集系统处理计算出轮重、制动及悬架性能的各参数值，显示检测结果，测试原理如图 4-8 所示。

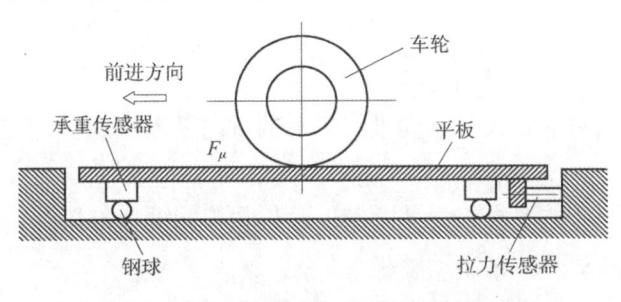

图 4-8 平板式制动检验台原理图

（3）过程分析。

在车辆挂空挡驶上台面时，台面水平方向的测力传感器检测车辆当前轴空挡滑行阻力，称重传感器同步检测当前车轴的载荷，即可计算出车辆空挡滑行阻力与荷重之百分比。车辆行驶上台板后实施制动，此时前轴因为轴荷前移而制动力与轴荷均迅速增加，同时后轴轴荷减少，制动增长相对前轴较小；前轴轴荷达到最大后，前桥向上反弹，轴荷减小，后桥轴荷增加；经几个周期振荡后前、后桥轴荷处于稳定。

二、实施作业

引导问题 6：实施检测汽车制动性能需要哪些工具、设备和材料？

（1）工具：反力式滚筒制动检验台；
（2）设备：雪佛兰科鲁兹轿车；
（3）防护用品：翼子板布、前格栅布、车辆防护五件套等。

引导问题 7：该怎样检测汽车制动性能呢？

1. 检测前准备工作

（1）检测检验台的准备。
①检查检验台滚筒清洁程度，应无泥、水、油等杂物，否则应清除干净。
②使滚筒在无负荷状态下运转，检查仪器运转状况。
③检查各指示灯及操纵开关工作是否正常。
④检查各种连接导线有无损伤，各连接插头是否连接可靠。
（2）检测车辆的准备。
①确定车辆型号及各轴轴荷，确保被检测车辆轴荷在检验台允许载荷范围内。
②检查轮胎是否有严重磨损、变形，是否有石子、金属颗粒等杂物，如有应清除干净。
③检查轮胎气压是否符合标准。

2. 检测流程

（1）打开检验台总电源，启动电脑。
（2）将车辆沿其纵向中心线与滚筒轴线垂直的方向驶入检验台，使左、右车轮分别处在前后两滚筒之间。
（3）车辆不熄火，变速器置于空挡，制动踏板和手制动器都松开，能够测试制动协调时间的检验台还须安装脚踏开关在制动踏板上。
（4）启动检验台，使滚筒带动车轮转动，等运转平稳后，从屏幕上读取车轮阻滞力数据。
（5）急踩下制动踏板，从屏幕上读取最大制动力值，并打印结果。
（6）将车辆前轮驶离滚筒，使两后轮驶入滚筒，按上述相同方法继续进行检测。
（7）当与驻车制动器相关的车轴在制动检验台上时，检测完行车制动性能后应重新起动电动机，在行车制动器完全放松的情况下，拉紧驻车制动器操纵杆，检测汽车驻车制动器性能。
（8）所有车轴的行车制动性能和驻车制动性能检测完毕后，将车辆驶出检验台。

（9）关闭仪器电源。

3. 记录检测结果

序号	检测项目	测量数据	是否合格
1	前轴轴重 /kg		□是　□否
2	前轮制动力 /N	左：	□是　□否
3		右：	□是　□否
4	后轴轴重 /kg		□是　□否
5	后轮制动力 /N	左：	□是　□否
6		右：	□是　□否

4. 总结评估

请根据任务完成的情况，对工作进行自我评估，总结工作中遇到的问题或出现的情况，并提出改进意见。

_____
_____
_____
_____
_____
_____
_____
_____
_____
_____
_____
_____
_____

三、评价反馈

对本学习任务进行评价，填写表4-3。

表 4-3　评分表

考核项目	评分标准	分数	学生自评	小组评价	教师评价	小计
活动参与	是否积极主动	5				
安全生产	有无安全隐患	10				
现场"5S"	是否做到	10				
任务方案	是否合理	15				
操作过程	1. 是否能操作汽车制动性能检验台； 2. 是否会读取检测汽车制动性能结果； 3. 是否能对结果进行判断	30				
任务完成情况	是否圆满完成	5				
工具和设备使用	是否规范汽车制动性能检验台	10				
劳动纪律	是否违反	10				
工单填写	是否完整、规范	5				
总分		100				
教师签名：			年　　月　　日		得分	

四、学习拓展

提高汽车制动性能的措施有哪些？请你查阅资料并记录下来，和小伙伴一起交流探讨。

学习任务 5
检测汽车操纵性能

任务5.1 检测汽车转向系统

学习目标

完成本学习任务后，你应当能：
1. 掌握转向性能评价指标及国家标准；
2. 掌握转向参数测量仪的组成及使用方法；
3. 熟练地操作转向参数测量仪，检测转向盘自由行程与转向力参数；
4. 读取检测数据，并根据国家的检测标准，确定转向系性能状况且进行调整。

建议完成本学习任务的时间为6个课时。

学习任务描述

某丰田卡罗拉轿车，在行驶过程中，驾驶员转动汽车转向盘时，感觉很沉重，并且自动回正缓慢。初步确定是转向盘转向力过大，需要进行检测；同时，也需要对转向盘自由行程进行检测，确认故障所在。

一、资料收集

引导问题1：哪些原因会导致转向沉重？

转向沉重一般由转向系统部件引起。以卡罗拉轿车为例，转向沉重时，故障原因主要有转向系统机械故障和液压助力系统故障。

1. 机械故障分析

遵循故障诊断的流程，首先从机械部件开始检查。机械故障一般是由于各部件连接处过紧或缺油而导致运动发卡。常见故障：轮胎气压低；转向拉杆卡滞或转向拉杆球头销装配过紧或缺油；转向节润滑不良；转向柱弯曲变形等。

2. 液压助力系统故障分析

液压助力系统主要由转向油泵、储油罐、转向器、转向拉杆及油管等组成，液压助力系统故障一般发生在上述组成部件中，导致转向助力不足。液压助力系统常见故障：储油罐内油液不足；转向油泵损坏或泵油压力过低；液压助力系统内有空气或泄漏；液压管路扭曲、折皱或破裂漏油等。

引导问题 2：转向性能参数有哪些？

转向性能参数主要有转向盘自由行程和转向盘转向力。这两个检测参数主要用来诊断转向轴和转向系统中各零部件的配合状况。该配合状况直接影响到汽车操纵稳定性和行车安全性。另外，也需要检测汽车转向轮最大转角。

1. 转向盘自由行程

转向盘自由行程是指汽车转向轮处于直线行驶位置静止不动时，转向盘可以自由左、右转动的角度；转向盘在空转阶段中的角行程，又称为转向盘自由转动量。其对于缓和路面冲击和避免使驾驶员过度紧张是有利的，但不宜过大，以免过分影响灵敏性。

2. 转向盘转向力

转向盘转向力是指在一定行驶条件下，作用在转向盘外缘的圆周力。若汽车转向盘转向力过大，则操作重、费力，转向不敏捷；转向盘转向力过小，则操作太轻，失去"路感"，汽车"发飘"，难于控制行驶方向。

3. 转向轮最大转角

汽车转向轮最大转角的大小直接影响到汽车最小转弯半径，影响汽车转向灵活性，通常用转角仪进行检测。

引导问题 3：转向系统性能检测的国际标准是什么？

按照 GB 7258—2017《机动车运行安全技术条件》的规定，转向盘自由行程、转向盘转向力、转向盘最大转角应符合以下要求：

1. 转向盘自由行程

机动车转向盘的最大自由行程应满足：
（1）最大设计车速大于等于 100 km/h 的机动车：≤ 15°；
（2）三轮汽车：≤ 35°；
（3）其他机动车：≤ 25°。

2. 转向盘转向力

机动车在平坦、硬实、干燥和清洁的水泥或沥青道路上行驶，以 10 km/h 的速度在 5 s 之内沿螺旋线从直线行驶过渡到外圆直径为 25 m 的车辆通道圆行驶，施加于转向盘外缘的最大切向力小于等于 245 N。

3. 转向盘最大转角

机动车的转向盘应转动灵活、操纵轻便、无阻滞现象。车轮转到极限位置时，不得与其他部件有干涉现象。

引导问题 4：用什么设备检测汽车转向系统性能参数呢？它是怎么工作的？

转向参数测量仪可测量转向盘自由行程和转向力；转角仪可以测量转向盘最大转角。

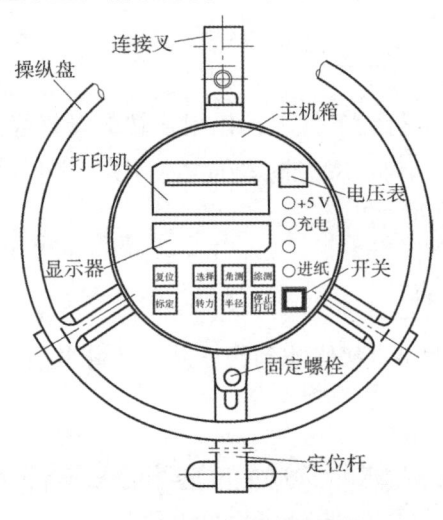

1. 转向参数测量仪

转向参数测量仪由操纵盘、主机箱、连接叉和定位杆四部分组成，其结构如图 5-1 所示。

图 5-1 转向参数测量仪

操纵盘固定在底板上，底板经力矩传感器与连接叉相连，叉上可伸缩卡爪与被测转向盘相连。主机箱固定在底板中央，装有接口板、微机板、转角编码器、打印机、力矩传感器和电池等。定位杆从底板下伸出，吸附在仪表盘上，内端连接有光电装置，光电装置装在主机箱内的下部。

测量时，把转向参数测量仪对准被测汽车转向盘中心，调整好三个连接叉上伸缩卡爪的长度，与转向盘连接并固定好。转动操纵盘，转向力通过底板、力矩传感器、连接叉传递到被测转向盘上，使转向盘转动以实现汽车转向。此时，力矩传感器将转向力矩转变成电信号，而定位杆内端连接的光电装置则将转角的变化转变成电信号。这两种电信号由电脑自动完成数据采集、转角编码、运算、分析、存储、显示和打印。

2. 转角仪

（1）转角仪结构。

转角仪由两个基本测试单元组成，即左、右测试圆盘。每个测试单元都能在台架轨道上借助驱动电动机的正反转通过减速器、丝杠的运动而独立地左、右移动，以适应不同的汽车轮距和不同的行驶路线。转角仪的结构如图5-2所示。

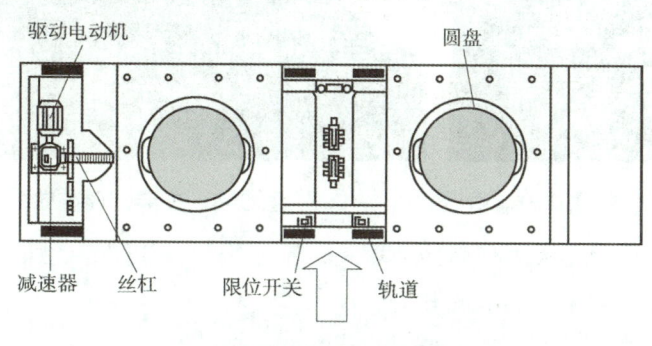

图5-2 转角仪的结构

（2）转角仪检测方法。

车辆沿行车中心线驶向车轮位置测量装置，并按提示停车，由该装置检测车轮的位置；检测完成后，系统自动起动电动机，移动测试单元，以适应当前车轮的位置。

根据提示向左打转向盘到极限位置，系统采样，测得左、右车轮的外、内转角；同样，根据提示向右打转向盘到极限位置，系统采样，测得左、右车轮的内、外转角。

二、实施作业

引导问题5：实施检测汽车转向系统需要哪些工具、设备和材料？

（1）工具：转向参数测量仪、转角仪；
（2）设备：雪佛兰科鲁兹轿车；
（3）防护用品：翼子板布、前格栅布、车辆防护五件套等。

引导问题6：该怎样检测汽车转向系统呢？

1. 检测前准备工作

（1）转向参数测量仪安装调试。

①把转向参数测量仪对准被测汽车的转向盘中心，如图5-3所示。
②依次调整好三个连接叉上伸缩卡爪的长度，卡住转向盘，拧紧并固定螺栓，安装好仪

器，如图5-4所示。

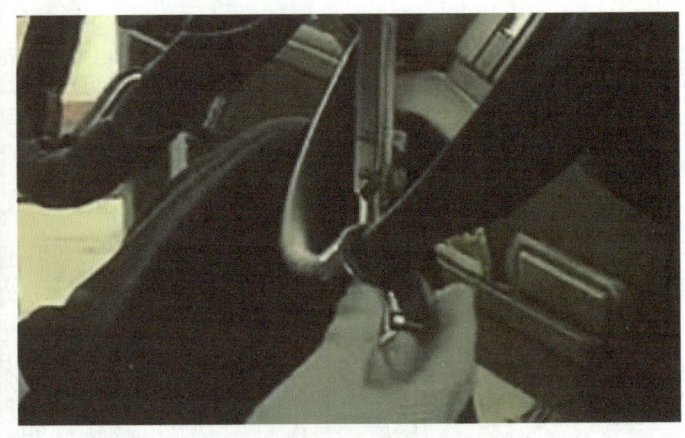

图5-3　转向参数测量仪对准转向盘中心　　　图5-4　安装、调整转向盘测量仪

③安装定位杆，使吸盘吸附在前挡玻璃上，不能松动，如图5-5所示。

④连接仪器电源，按下仪器电源开关。

（2）检测车辆的准备。

①轮胎气压应符合汽车制造厂的规定。

②轮胎上若有油污、泥土、水或花纹沟槽内嵌有石子，应清理干净。

③轮胎花纹深度必须符合GB 7258—2017《机动车运行安全技术条件》的规定。

④被测车辆停在转角盘上，并使车辆处于直线行驶位置。

2. 检测流程

检测转向盘自由行程和转向力前，需熟悉操作界面按钮。各按钮的功能介绍为：

复位键功能为数据清零；左向右向键弹出时为左转向，按下时为右转向；实时峰值键弹出时测量转向角，按下时测量转向力；保持键为保持数据显示，如图5-6所示。

图5-5　安装定位杆　　　图5-6　界面按钮

（1）原地检测转向盘转向力。

①按下复位键，按下实时峰值键，左向右向键弹出状态。向左转动操纵盘时，显示器上的转矩不断增大，当向左转到极限位置时，车轮开始转动，转矩显示器显示数值"93"的数值，如果需长时间记录，可按下保持键，该读数就是转向盘向左最大转矩，如图5-7所示。

②按下复位键，按下实时峰值键，按下左向右向键。向右转动操纵盘时，显示器上的转矩不断增大，当向右转到极限位置时，车轮开始转动，转矩显示器显示数值"23"的数值，如果需长时间记录，可按下保持键，该读数就是转向盘向右最大转矩，如图5-8所示。原地转向力的大小为显示器的读数除以被测转向盘的半径。

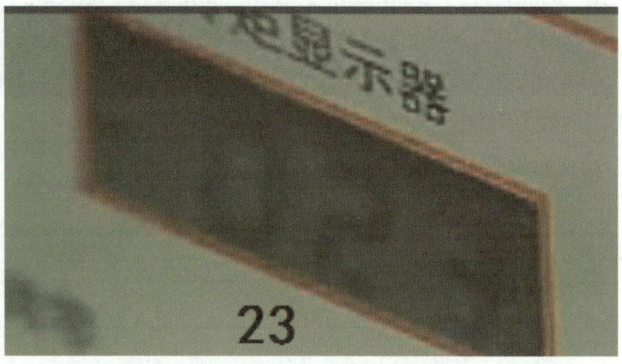

图5-7　向左最大转矩93 N·m　　　　图5-8　向右最大转矩23 N·m

（2）检测转向盘自由行程。

①按下复位键，实时峰值键弹出，左向右向键弹出。当向左转动操纵盘时，显示器上的转角、转矩不断增加，当转向盘转到左极限位置遇到阻力，显示器力矩增大到某值"523 N·m"时，按下保持键，转角显示器上的读数"24"就是转向盘的左自由转角，如图5-9所示。

②按下复位键，实时峰值键弹出，按下左向右向键。当向右转动操纵盘时，显示器上的转角、转矩不断增加，当转向盘转到右极限位置遇到阻力，显示器力矩增大到某值"523 N·m"时，按下保持键，转角显示器上的读数"11"就是转向盘的右自由转角，如图5-10所示。转向盘自由行程=左自由转角+右自由转角=24+11=35（°）。

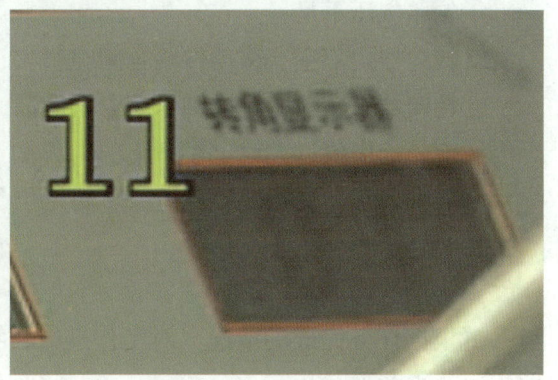

图5-9　左自由转角24°　　　　图5-10　右自由转角11°

（3）检测转向盘最大转角。

①将被检测转向车轮在保持车辆直线行驶状态下驶上转盘，并让车轮落在转盘中央位置；

②调整转盘上指针，使其指在零刻度位置；

③转动转向盘向右（或左）至极限位置，读取转盘上指针所指示的刻度值，即为转向车轮向右（或左）的最大转角（按照同样的步骤和方法测量另一侧转向轮的最大转角）。

3. 检测结果记录

检测项目	次数	测量值 1	测量值 2	测量值 3	是否合格
转向盘自由行程/（°）					□是 □否
最大转向角度/（°）	右前轮				□是 □否
	左前轮				□是 □否
最大转向力/N	右前轮				□是 □否
	左前轮				□是 □否

4. 检测结果分析

（1）造成转向盘自由行程不符合规定（过大或过小）的原因主要有：

①转向系统各部件连接处配合间隙过大或过小；

②转向器内部主、从动件啮合间隙过大、过小或轴承预紧度不符合要求；

③转向球头与球头座配合松旷或过紧。

（2）造成转向盘最大转角不符合规定的原因主要有：

①最大转向角限位螺栓损坏或长短不符合规定；

②转向操纵机构磨损严重或配合间隙不符合要求；

③转向操纵机构与底盘或悬架系统有相互干涉。

（3）造成转向盘转向力不符合规定的原因主要有：

①轮胎气压不足；

②转向器内部主、从动件啮合间隙过大、过小或轴承预紧度不符合要求；

③转向器、转向节止推轴承缺少润滑油；

④前轮前束值过大或过小；

⑤前轴或车架受损变形，造成车轮定位参数失准。

5. 总结评估

请根据任务完成的情况，对工作进行自我评估，总结工作中遇到的问题或出现的情况，并提出改进意见。

三、评价反馈

对本学习任务进行评价，填写表 5-1。

表 5-1 评分表

考核项目	评分标准	分数	学生自评	小组评价	教师评价	小计
活动参与	是否积极主动	5				
安全生产	有无安全隐患	10				
现场"5S"	是否做到	10				
任务方案	是否合理	15				
操作过程	1. 是否能熟练完成转向性能检测流程； 2. 是否能读取检测结果，并进行结果分析判断； 3. 是否能完成转向系统装配关系的调整与维修	30				
任务完成情况	是否圆满完成	5				
工具和设备使用	是否规范地使用转向参数测量仪和转角仪	10				
劳动纪律	是否违反	10				
工单填写	是否完整、规范	5				
总分		100				
教师签名：			年 月 日		得分	

四、学习拓展

某2017款科鲁兹轿车在行车过程中,转动转向盘时,转向失灵。请你查阅资料,分析和判断该案例中的可能故障,并给出故障排除的检测流程图。

任务5.2 检测汽车四轮定位

学习目标

完成本学习任务后,你应当能:
1. 掌握汽车四轮定位参数的概念及作用;
2. 掌握四轮定位参数不合理引起的故障现象;
3. 熟练完成四轮定位仪卡具、传感器等工具的安装;
4. 在指定工位上熟练完成四轮定位的检测;
5. 读取检测数据,并根据各汽车企业对四轮定位参数的规定,进行四轮定位参数的调整。

建议完成本学习任务的时间为10个课时。

学习任务描述

一辆科鲁兹轿车，在直线行驶过程中，车辆会向左或向右跑偏，必须依靠驾驶员纠正，才能直线行驶，这就是行驶跑偏，通常需要对车辆进行四轮定位检测。

一、资料收集

引导问题1：哪些原因会导致汽车行驶跑偏？

行驶系统就像人的腿和脚一样，腿和脚异常时，人不能正常行走；同理，行驶系统异常，汽车也不能正常行驶，行驶跑偏就是行驶系统典型故障。

行驶系统主要由车轮、车桥、车架和悬架组成，其中车轮、车架和悬架故障均能引起行驶跑偏。另外，制动系统存在制动拖滞也会引起行驶跑偏。也就是说，行驶跑偏故障原因主要有：车轮故障；前轮定位故障；制动系统故障；悬架系统故障；车架变形故障等。

1. 车轮故障分析

左、右轮胎气压不一致，轮胎气压低的一侧行驶阻力大，使得汽车行驶时向阻力大的一侧偏转，引起行驶跑偏。轮胎规格不同，或花纹磨损不一致，使车轮在行驶时所受的行驶阻力大小不等，车辆会向阻力大的一侧跑偏。

2. 前轮定位故障分析

前轮定位参数有主销内倾角、主销后倾角、前轮外倾角和前轮前束值。若四轮定位不准确，就会引起行驶跑偏。

3. 制动系统故障分析

汽车前轮某一侧轮毂轴承过紧，或制动器制动间隙过小，存在制动拖滞现象，车辆会向制动拖滞一侧跑偏。

4. 悬架系统故障分析

悬架是车架与车桥或车轮之间的弹性连接部件，经常性的偏载会引起车架和悬架机构疲劳，导致弹簧刚度减弱，车辆向负重一侧倾斜，车辆在行驶过程中向倾斜的一侧跑偏。

5. 车架变形故障分析

车架（或承载式车身）是汽车装备的基础，是汽车的主要部件，如发动机、传动系统、控制机构、车身、行驶系统等总成均安装在车架（或承载式车身）上。若车架（或承载式车身）变形，将会影响悬架机构和转向机构等部件的形状和参数，部件的形状和参数的变化均会引起汽车跑偏。

在这里我们重点学习四轮定位参数不准确引起的汽车行驶跑偏检测。

引导问题 2：车辆为什么要做车轮定位？车轮定位参数有哪些？

车轮定位正确与否，将直接影响汽车的操纵稳定性、安全性、燃油经济性、轮胎等有关机件的使用寿命及驾驶员的劳动强度等。因此，为了增加行驶安全、直行时转向盘正直、转向后转向盘自动回正、减少汽油消耗、减少轮胎磨损、维持直线行车、增加驾驶控制感、降低悬挂配件磨损等，必须根据需要对车辆做车轮定位。

1. 车轮定位参数概述

（1）前轮定位参数。

前轮定位参数包括主销后倾角、主销内倾角、前轮外倾角、前轮前束值、包容角。

（2）后轮定位参数。

后轮定位参数包括后轮外倾角、后轮前束值、推力角。

（3）定位参照线。

①车身中心线：纵向平分车身的一条虚拟线，如图 5-11 所示。

②车轮中心垂直线：以胎面宽度中间为基点的垂直线。

③车轮转向轴线：减震器上支承轴承（或上控制臂球节）和下控制臂球节旋转中心之间的直线。

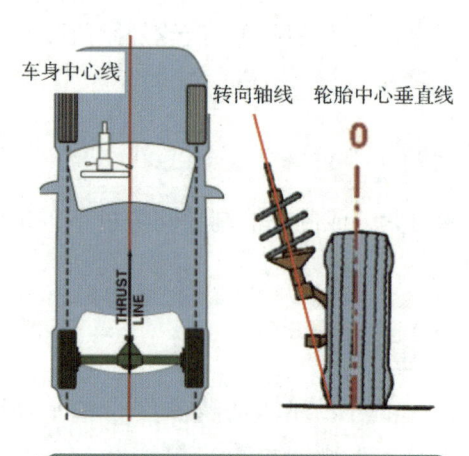

图 5-11 定位参照线示意图

2. 主销内倾角

（1）定义。

主销（即转向轴线）安装在前轴上，其上端略向内侧倾斜，这种现象称为主销内倾。从车辆的前面观察时，转向轴线与车轮垂直参考线之间的夹角称为主销内倾角。

（2）作用。

主销内倾角的作用是减少转向操纵力，减少回跳和跑偏现象，改善车辆直线行驶的稳定性和帮助转向轮自动回正。

（3）注意。

一般车辆上的主销内倾角是不可以进行调整的。前车轴弯曲，主销内倾角当然发生改变。麦弗逊独立悬架下摆臂弯曲后主销内倾角也发生变化。如图5-12所示。

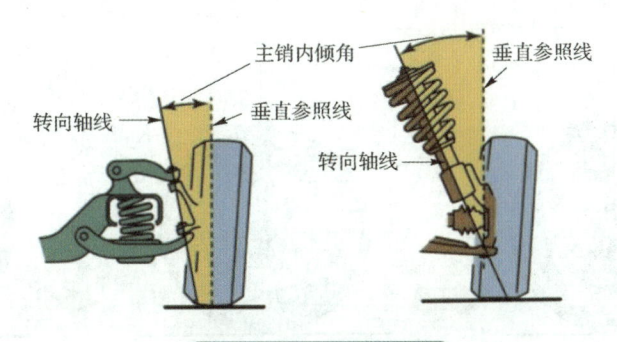

图5-12 主销内倾角

3. 主销后倾角

对于两端装有主销的转向桥，汽车转向时，转向车轮会围绕主销轴线偏转，如图5-13（a）所示。但在大多数断开式转向桥中没有主销，采用上、下球头销代替主销，上、下球头销球头中心的连心线相当于主销轴线，如图5-13（b）所示。

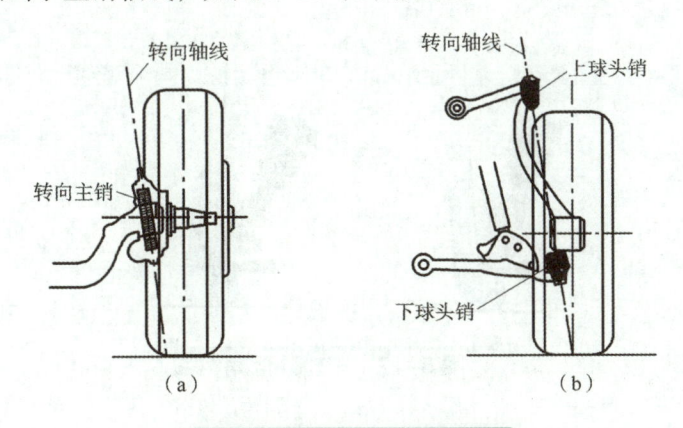

图5-13 主销的不同形式
（a）有主销；（b）上、下球头销代替主销

(1）定义。

主销（即转向轴线）安装在前轴上，其上端略向后倾斜，这种现象称为主销后倾。从汽车的侧面看去，转向轴线与通过前轮中心的垂线之间形成一个夹角 γ，即主销后倾角。

(2）作用。

主销后倾角的作用是：①通过前轮使自身具有直线行驶能力；②转弯之后能自动回到直行位置；③修正在凹凸不平的路面行驶的跑偏。

(3）类型。

主销后倾角包含：正后倾角，如图 5-14 所示；零后倾角，如图 5-15 所示；负后倾角，如图 5-16 所示。车辆载荷接地点和车轮接地点相对位置不同，对车辆直行性影响很大。所以，汽车、摩托车、自行车的前轮后倾角都是正值，这样，载荷接地点在前轮接地点的前面，保持车辆的直线行驶能力。

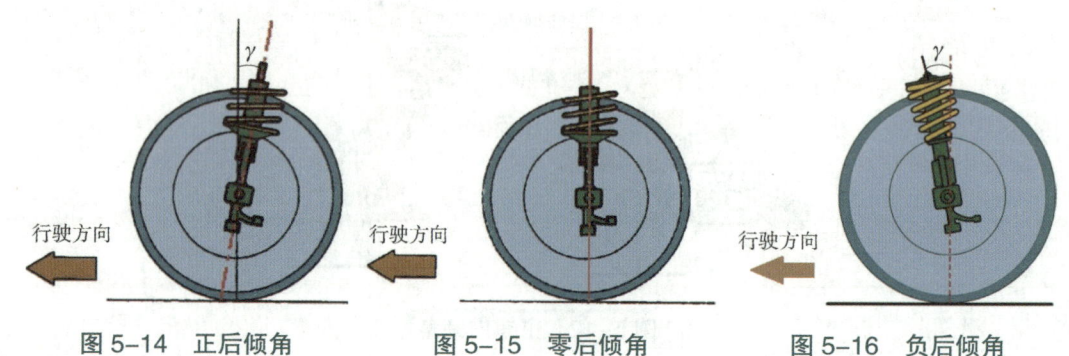

图 5-14　正后倾角　　图 5-15　零后倾角　　图 5-16　负后倾角

4. 车轮外倾角

(1）定义。

车轮外倾角是指在车辆的前面观察时，车轮几何中心线与垂直参考线的夹角。车轮外倾角可正可负。如图 5-17 所示。

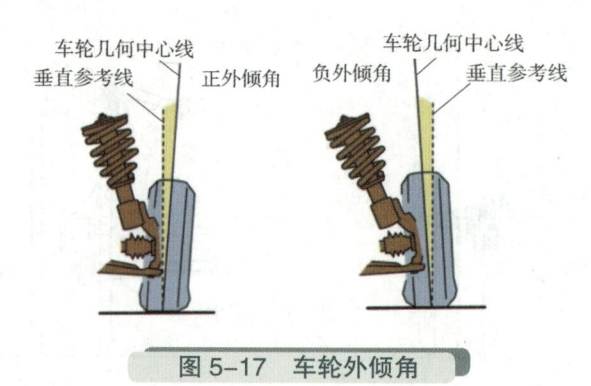

图 5-17　车轮外倾角

(2）作用。

车轮外倾角控制轮胎磨损和车辆行驶方向，防止车轮成内"八"字。

（3）影响。

①正外倾角过大，轮胎外侧过早磨损；

②负外倾角过大，轮胎内侧过早磨损；

③两侧的车轮外倾角相差 1° 以上，车辆向车轮正外倾角较大的一侧跑偏。

5. 前轮前束

（1）定义。

车轮前束是指在车辆的正上方观察时，前轮（或后轮）的正前位置向内或向外的偏转程度。

（2）作用。

车轮前束的作用是确保两侧车轮平行滚动，当车轮向前滚动时，前束可以补偿悬架系统引起的少量偏移。

（3）类型。

①正前束：车轮向内偏转，如图 5-18（a）所示。

②负前束：车轮向外偏转，如图 5-18（c）所示；

③零前束：两侧车轮的中心线平行，如图 5-18（b）所示。

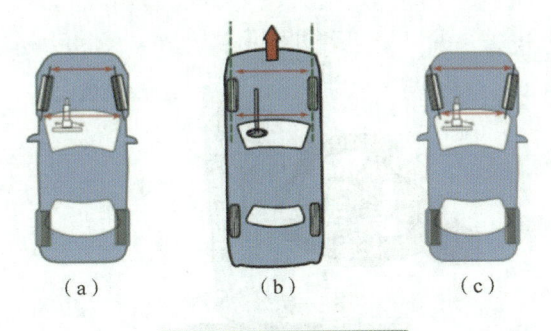

图 5-18 前轮前束

（a）正前束（车轮向内）；(b）零前束（车轮平行）；(c）负前束（车轮向外）

（4）影响。

车轮前束若调整不当，将会导致轮胎过早磨损以及转向不稳。

6. 推力角

（1）定义。

后轮总前束的平分线称为推力线，推力线与车辆几何中心线之间形成的夹角称为推力角，又称推进角，如图 5-19 所示。

（2）要求。

理论上，推力角与车辆几何中心线一致。推力角是车轮定位的基础，在车轮定位时先要检查推力角。

（3）影响。

如果推力角不在规定的设计范围，将会导致后轮轨迹与前轮轨迹不同，转向盘可能无法回正。

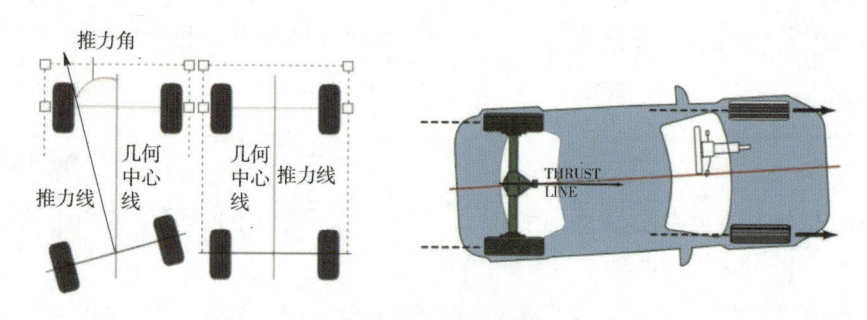

图 5-19 推力角

7. 包容角

（1）定义。

包容角是指主销内倾角与主销外倾角之和，即转向轴线与车轮几何中心线之间的夹角称为包容角。如图 5-20 所示。

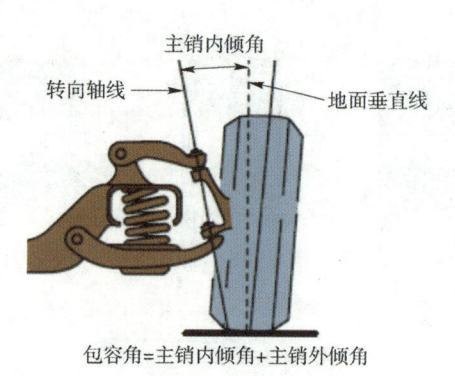

图 5-20 包容角

（2）作用。

包容角是方向控制角，如果左、右侧不相等，则汽车向包容角大的一侧跑偏。包容角可以用来判断减震器、弹性元件等是否变形或磨损。

8. 磨胎半径

（1）定义。

磨胎半径是指车轮几何中心线与路面相交点到转向轴线与路面相交点之间的距离，如图 5-21 所示。

（2）类型。

当转向轴线与地面的交点在车轮几何中心线的外侧时，称为负磨胎半径，反之为正磨胎半径。理论上，磨胎半径应尽可能小，磨胎半径越小，方向稳定性越好。如图 5-22 所示。

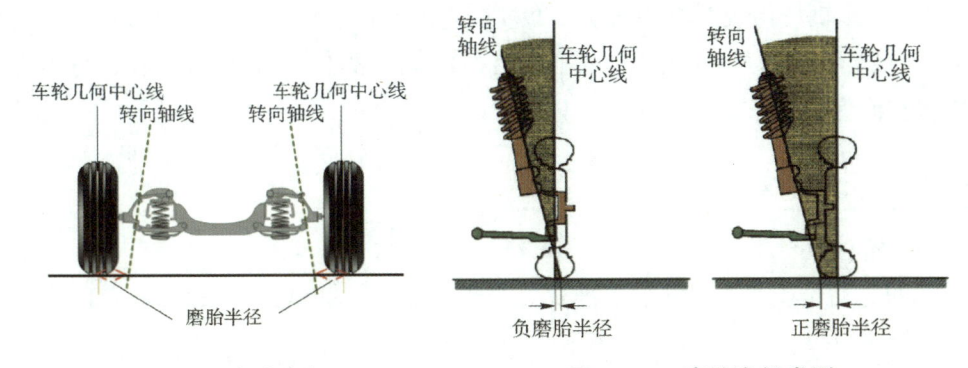

图 5-21　磨胎半径　　　　　　图 5-22　磨胎半径类型

引导问题 3：如何做车轮定位的检查与调整？用什么仪器做车轮定位？

正确的车轮定位能确保车辆在水平路面上直线行驶，提高转向操控性能。适当的车轮定位不仅可以延长轮胎的使用寿命，也能因减小路面的摩擦而提高车辆燃油经济性能。车辆出现下列现象之一或以上就需要进行车辆定位：

（1）直线行驶时方向盘不正；
（2）行驶中方向盘振动、发抖或太重；
（3）转向时不能自动归位；
（4）行驶中左右跑偏、车身颠簸等；
（5）轮胎呈单面、不规则或锯齿状磨损；
（6）碰撞事故维修后；
（7）更换新的悬挂或转向有关配件后。

1. 车轮定位初始检测

定位检查前，首先要路试车辆，判断车辆是否存在振动、跑偏、噪声或异响等问题，这些问题会影响车轮定位参数。除此以外，还要进行以下检查和调整，确保车轮定位测量值准确无误：

（1）检查每个轮胎的充气压力与轮胎标签上的规格是否一致；
（2）检查轮胎和车轮的尺寸与轮胎标签上的规格是否一致；
（3）检查轮胎和车轮是否损坏；
（4）检查轮胎是否不规则磨损或过早磨损；
（5）检查轮胎和车轮是否跳动量过大，必要时测量车轮和轮胎的动平衡；
（6）检查车轮轴承是否存在游隙或间隙过大；
（7）检查相关部件是否松动或磨损，必要时维修部件；
（8）检查车辆车身高度；
（9）检查是否因部件僵硬或锈蚀而导致转向系统拖滞或转向盘回正性差；

（10）检查燃油箱油位，如果燃油箱不满，向车辆增加重量，以模拟燃油箱加满。

温馨提示：车辆任何较严重的损伤或磨损严重的部件必须在车轮定位参数测量之前予以更换。测量前，还应考虑额外载荷，如工具箱等其他经常随车装的物品，在进行车轮定位检测之前应将它们保留在车上。

2. 四轮定位仪

（1）四轮定位仪分类。

按出现的先后情况划分：气泡水准式、光学投影式、拉线式、PSD式、CCD式、3D影像式等的车轮定位仪。

气泡水准式定位仪、光学投影式定位仪，属于普通的机械或光学仪表，测量精度低，仅前轮定位。

拉线式、PSD式、CCD式、3D影像式，属于电脑式四轮定位仪，均应用电脑技术和精密传感技术，由装在车轮上的传感器将车轮定位角的几何关系转化成电信号接入电脑进行处理、分析和判断，然后由显示器显示和打印机打印输出，并且可以同时进行四轮定位。对于电脑式四轮定位仪，如果按传感器机头之间、传感器机头与主机之间的通信方式划分，又分为有线式和无线式两种。无线式又分红外光和蓝牙通信两种形式。

四轮定位仪是精密检测设备，操作人员在使用前需要进行专业培训，并认真研读四轮定位仪的使用说明书。

温馨提示：①使用前，检查四轮定位仪所配附件是否与使用说明书上列出的清单相符，设备安装时要遵循使用说明书所提出的各项要求。

②对于光学式四轮定位仪中的投影仪（或投光器）应细心维护，传感器是微机式四轮定位仪的重要元件，使用前要进行校正，以保证测试精度。

③传感器应正确地安装在传感器支架上，在不使用时应妥善保管，避免受到损坏，电测类传感器应在连接好线束后再通电。

④移动四轮定位仪时，应避免使其受到振动，否则可能使传感器及测试主机受到损坏。

⑤四轮定位仪应半年标定一次，标定时应使用购买四轮定位仪时所带的专用标定器具，并按规定程序进行标定。

⑥在检测四轮定位前，须进行车轮传感器偏摆补偿，否则会引起较大的测量误差。

（2）四轮定位仪的构成。

四轮定位仪由定位仪主机、传感器机头、通信系统、轮辋夹具、转角盘、附件等组成，如图5-23所示。

①定位仪主机。

定位仪主机由机柜、电脑、主机接口和打印机组成。计算机内有四轮定位专用软件，计算机硬盘中存有各种车型定位参数的数据库和操作帮助系统等。其作用是实现用户对四轮定位仪的指令操作，对传感器数据进行采集、处理，并与原厂设计参数一起显示出来，同时指导用户对汽车进行调整，最后打印出相应的报表。

②传感器机头。

传感器机头是四轮定位仪的核心部件。传感器机头内主要有控制板、信号光源、位置传感器、倾角传感器、通信装置、电源等。传感器机头各传感器安装位置示意图如图5-24所示。

大箱体内的位置传感器用于测量水平纵向定位角,又称前束传感器;小箱体内的位置传感器用于测量水平横向定位角,又称横角传感器。

两个倾角传感器互成90°放置,其中,外倾角传感器能直接测量车轮中性面的倾角,用于车轮外倾角和主销后倾角的测量。主销内倾角传感器则通过测量车轮平面绕转向节轴线的相对转角,计算出主销内倾角的大小。

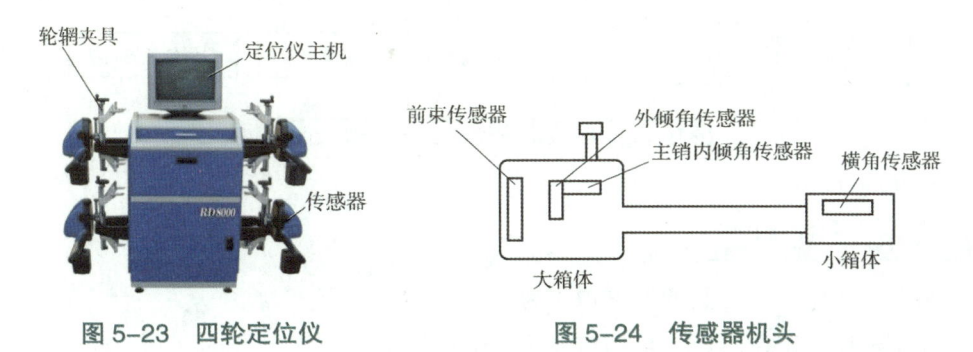

图 5-23 四轮定位仪

图 5-24 传感器机头

③通信系统。

通信系统实现传感器机头之间、传感器机头与主机之间的数据传递,采用电缆、红外光、蓝牙通信技术。

④轮辋夹具。

轮辋夹具用于固定传感器机头,类型有三爪夹具和四爪夹具两种。它是保证传感器检测精度的关键部件,材料大多用轻铝合金。三爪夹具采用自定心方式,操作简便,结构合理。四爪夹具采用四点定心方式,误差点取值多,中心对正较好,精度较高。

⑤转角盘。

测试时,车辆前轮压在转角盘上,可自由转动的转角盘能够消除车轮在转动时所产生的压力。转角盘由固定盘、活动盘、扇形刻度尺、游标指针、锁止销和滚珠等组成。

⑥附件。

附件包括转向盘锁定杆、制动踏板固定杆等,如图5-25所示。

在测试时,转向盘锁定杆锁止转向盘,使其不转动;制动踏板固定杆固定制动踏板,使车辆制动。

(3)四轮定位仪的工作原理。

四轮定位仪的工作原理示意图如图5-26所示,整个系统共分为数据采集和数据处理两个部分。数据采集部分为四个传感器机头。机头中的线阵CCD传感器分别感应与其相对机头上的红外发射管的位移;机头中的倾角传感器感应自身机头在两个不同方向的角度位移,经机头中单片机处

图 5-25 附件

理通过射频发射接收器无线传输到机柜中的主射频发射接收器,再传输到电脑主机进行误差处理。由于机头通过4个夹具与汽车轮辋相连,因此通过8个线阵CCD传感器和4个双轴倾角传感器可以计算出4个轮辋的相互关系,从而确定车轮的定位参数。8个线阵CCD传感器形成一个封闭的直角四边形,可实现车辆的四轮定位测量。

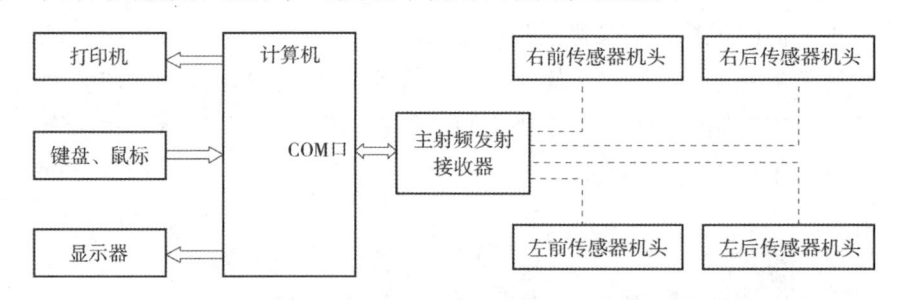

图 5-26 四轮定位仪的工作原理示意图

3. 车轮定位调整

一般情况下车轮定位参数的调整顺序为:

(1)先调整后轮定位参数,再调整前轮定位参数。

(2)同一车轮上,先调整主销后倾角,再调整车轮外倾角,最后调整车轮前束值。其原因是调整主销后倾角时会使前轮前束值变化,调整前束时不会影响主销后倾角和车轮外倾角。

引导问题 4:常见车型的四轮定位参数是多少?

四轮定位参数没有国家标准,通常由汽车设计企业根据设计标定。表 5-2 所示为 2010—2013 款卡罗拉轿车的四轮定位参数,表 5-3 所示为 2010 款科鲁兹轿车的四轮定位参数。

表 5-2　2010—2013 款卡罗拉轿车的四轮定位参数

项目	前悬架		后悬架	
	1ZR-FE 发动机	2ZR-FE/3ZR-FE	1ZR-FE 发动机	2ZR-FE/3ZR-FE
标准外倾角 (空载)	$-0°04' \pm 45'$ $(-0.07° \pm 0.75°)$	$-0°05' \pm 45'$ $(-0.08° \pm 0.75°)$	$-1°23' \pm 30'$ (1.38° ± 0.5°)	
左、右差值	45' (0.75°) 或更小	45' (0.75°) 或更小	30' (0.50°) 或更小	
标准后倾角 (空载)	5°32' ± 45' (5.53° ± 0.75°)	—	—	—
左、右差值	45' (0.75°) 或更小	—	—	—
标准转向轴线倾角 (空载)	11°43' (11.72°)	—	—	—

续表

项目	前悬架 1ZR-FE 发动机	前悬架 2ZR-FE/3ZR-FE	后悬架 1ZR-FE 发动机	后悬架 2ZR-FE/3ZR-FE
标准前束（空载）	$B-A$: 2.0 mm ± 2.0 mm (0.08 in ± 0.08 in)		$B-A$: 1.1 mm ± 3.0 mm (0.04 in ± 0.11 in)	
标准车轮转向角（空载）				
车轮内转角	39°43′ ± 2° (39°72′ ± 2°)	39°44′ ± 2° (39°73′ ± 2°)	—	—
车轮外转角	33°27′ (33.45°)	33°27′ (33.45°)	—	—

表 5-3 2010 款科鲁兹轿车的四轮定位参数

悬架系统	车轮外倾角	车轮外倾角差（左–右）	主销后倾角	主销后倾角差（左–右）
前	−0.27° ± 0.75°	−0.00° ± 1.00°	4.65° ± 0.75°	−0.00° ± 1.00°
后	−1.25° ± 0.50°	−0.00° ± 0.58°		

悬架系统	转向盘转角	推力角	总车轮前束值	外轮的转角（当内转角为 20° 时）
前	−0.00° ± 1.50°	—	−0.1.5° ± 0.167°	18.50° ± 0.75°
后	—	−0.00° ± 0.208°	−0.1.5° ± 0.417°	—

二、实施作业

引导问题 5：实施检测汽车四轮定位需要哪些工具、设备和材料？

（1）工具：四轮定位仪；

（2）设备：卡罗拉轿车；

（3）防护用品：翼子板布、前格栅布、车辆防护五件套等。

引导问题 6：该怎样检测汽车的四轮定位呢？

1. 检查前准备

（1）车辆到位，拉紧驻车制动器，举升车辆至合适高度。

（2）拆除转向盘上的锁销。

（3）检查轮胎花纹是否一致，是否磨损、变形，轮胎气压是否符合标准。

（4）检查左、右车身高度是否一致，前、后端的两侧对比检查。使用钢直尺测量后轮中心的离地间隙、悬架一号下臂衬套固定螺栓中心的离地间隙、前轮中心的离地间隙和后牵引臂衬套固定螺栓中心的离地间隙，如图 5-27 所示。如不符合规定，则需要调整。

（5）检查转向盘自由行程是否小于 100 mm。检查完毕，使用转向盘固定器固定转向盘，如图 5-28 所示。

图 5-27　检查后牵引臂衬套固定螺栓中心的离地间隙 　　图 5-28　检查转向盘自由行程

2. 车轮摆动检查

（1）选用百分表、磁性表座并组装好。

（2）将百分表测量轴抵靠在胎冠中心，并使其有约 3 mm 的压缩量，旋转轮胎一圈，读取径向跳动度，轮胎径向跳动标准为 1.4 mm 或更小，如图 5-29 所示。

（3）将百分表测量轴抵靠在轮辋外缘处，并使其有约 2 mm 的压缩量，轮辋的端面缘跳动标准为 0.75 mm 或更小，如图 5-30 所示。

图 5-29　测量车轮径向跳动量 　　图 5-30　测量轮辋端面跳动量

注意事项： 检查百分表吸盘是否存在吸力，以免测量时百分表移动。

3. 底盘连接件检查

（1）将车轮举升至合适位置并锁上安全锁。

（2）检查横拉杆球头是否松动，横拉杆有无弯曲、损坏或松旷，转向节是否损坏或松旷，转向节与减震器固定螺栓是否牢固。如图 5-31 所示。

（3）检查滑杆上部是否损坏或松旷，如图 5-32 所示。

任务 5.2　检测汽车四轮定位

图 5-31　检查横拉杆球头　　　　　　　图 5-32　检查滑杆

（4）检查前稳定杆有无变形或松旷、稳定杆连杆有无弯曲或损坏，如图 5-33 所示。

（5）检查下悬架臂有无损坏、后梁支架有无弯曲或损坏、后悬架臂有无变形或损坏、托臂后桥是否变形或损坏，如图 5-34 所示。

图 5-33　检查前稳定杆　　　　　　　图 5-34　检查下悬架臂

4. 四轮定位仪操作

（1）启动电脑进入定位系统界面，如图 5-35 所示。
（2）建立车辆信息档案，选择车型数据，输入车辆状况。
（3）将举升机下降至最低锁止位置。

5. 安装四轮定位仪夹具、传感器和连接电缆

（1）先按上升按钮，举升机解锁后，按下降按钮，将车辆降至最低锁止位置，在定位仪界面单击下一步操作，进入定位仪夹具安装界面。

（2）依次正确安装车轮夹具，检查四轮夹具安装是否正常，然后依次取下四个夹具的加力杆，如图 5-36 所示。

（3）水平取出传感器，将传感器安装头水平对正夹具中心槽孔插入，按此方法依次安装四个传感器，如图 5-37 所示。

（4）调整传感器水平，使水平气泡至中央处并锁紧，如图 5-38 所示。

（5）连接传感器电缆，另一端与仪器连接，当电缆全部连接后，启动传感器。

学习任务 5　检测汽车操纵性能

图 5-35　进入定位系统界面

图 5-36　安装夹具

图 5-37　安装传感器

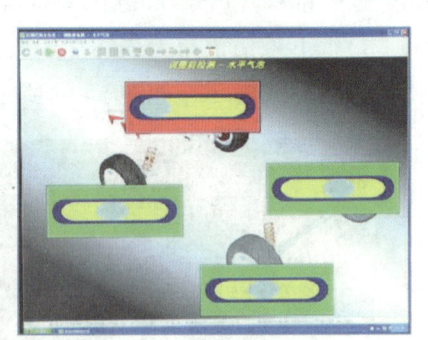

图 5-38　调整传感器水平

6. 偏位补偿

（1）放置两侧车轮挡块，将换挡杆置于空挡，释放驻车制动器。

（2）举升车轮至车轮离开转角盘 10 cm 左右。

（3）按设备要求进行车轮偏位补偿，完成四个车轮偏位补偿值计算。补偿结束后，拔出转角盘和后滑动板的固定销，将举升机下降至最低锁止位置，如图 5-39 和图 5-40 所示。

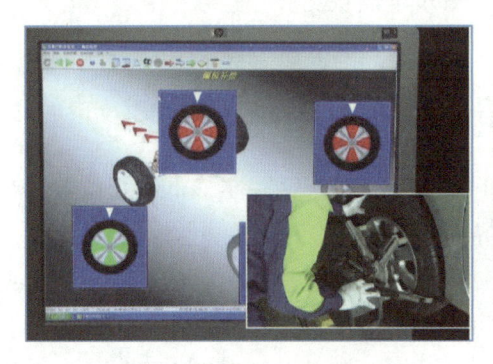

图 5-39　进行车轮偏位补偿

图 5-40　偏位补偿数据

7. 车轮定位监测

（1）移开两后轮挡块，检查两后轮是否落在后滑动板上正确位置，检查两前轮中心是否落在转向盘中心。

（2）在开始进行调整前，安装好刹车锁，以保证主销后倾角和主销内倾角的准确测量。

（3）转向盘向正前方打直。如图5-41所示，转动方向盘，使白色箭头对到红区中央白线处。当白色箭头移动到弧形白线的范围之内时，红色区域的颜色转变为绿色，同时白色箭头变为绿色圆形图案。请尽可能把方向对到中央白线位置，以得到更高的测量精度。

图5-41 转向盘向正前方打直

（4）调整传感器水平。一旦正前打直方向之后，程序就会检查传感器是否处于水平状态。如果有传感器不水平，屏幕上就会出现水平气泡状态的提示画面，提示操作员对不水平的传感器进行水平调整。当所有传感器都处于水平状态之后，程序就会自动进入后轴数据测量步骤。

（5）20°转向操作。依照屏幕图标提示，向左侧转动方向盘，直到方向对准中央白线位置。然后再依照屏幕白色箭头所示，向右侧转动方向盘，直到方向对准中央白线位置。接着由程序引导进入正前打直操作，方向对中之后，屏幕上就会显示出调整前检测所测量出的数值。

8. 检查检测报告

（1）分析检查数据，红色数据为不合格数据，绿色数据为合格数据。如图5-42所示。

（2）如数据显示不合格，则进入定位调整操作。

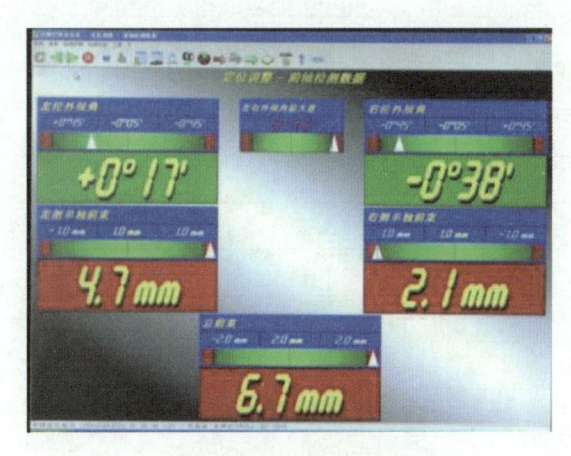

图5-42 检测报告

9. 调整后复检

（1）将举升机降回到调整前测量时的高度，将举升机锁止在水平安全位置，进行调整后复检。选择"调整后检测"图标，就可进入调整后检测操作步骤。调整后检测的操作流程与调整前检测完全相同。可依照屏幕操作引导完成。

（2）调整后检测。调整后检测完成之后得到的检测报告即为最终的检测报告。此报告的最右一列数据就是调整后的车辆实际定位参数。单击屏幕下方的"打印机"图标即可打印出完整的检测调整报告。

10. 定位参数调整方法

（1）前轮前束值调整方法。

调整前束之前，首先必须确定前轮是否指向正前方、转向盘是否居中，然后松开转向横拉杆调节套筒上的固定螺栓，转动调节套筒，使横拉杆两端移动。

（2）主销后倾角和车轮外倾角的调整方法。

许多麦弗逊式悬架，车辆在制造时就固定了主销后倾角和车轮外倾角，只能通过更换相应组件来加以调整。对于传统悬架的车辆，有以下几种调整主销后倾角和车轮外倾角的方法：

①用垫片调整；

②用偏心机构和垫片调整。

11. 总结评估

请根据任务完成的情况，对工作进行自我评估，总结工作中遇到的问题或出现的情况，并提出改进意见。

三、评价反馈

对本学习任务进行评价，填写表5-4。

表5-4 评分表

考核项目	评分标准	分数	学生自评	小组评价	教师评价	小计
活动参与	是否积极主动	5				
安全生产	有无安全隐患	10				
现场"5S"	是否做到	10				
任务方案	是否合理	15				
操作过程	1. 是否能熟练安装四轮定位设备； 2. 是否会熟练操作四轮定位仪进行检测； 3. 是否能根据检测结果，分析原因，熟练进行四轮定位参数的调整	30				
任务完成情况	是否圆满完成	5				
工具和设备使用	是否规范地使用四轮定位仪	10				
劳动纪律	是否违反	10				
工单填写	是否完整、规范	5				
总分		100				
教师签名：			年　月　日		得分	

四、学习拓展

轮胎磨损异常通常与四轮定位参数有关，轮胎异常磨损的类型有哪些？都是什么原因造成的？请你查阅资料，记录下来，并和小伙伴一起交流探讨。

任务 5.3　检测汽车侧滑

学习目标

完成本学习任务后，你应当能：
1. 掌握前轮侧滑的原因；
2. 掌握前轮侧滑检验台的组成及功能；
3. 在指定工位上熟练完成侧滑量的检测；
4. 读取检测结果，并根据国家标准，确定侧滑量引起的原因，且能够完成车轮外倾角与前轮前束值的调整。

建议完成本学习任务的时间为 6 个课时。

学习任务描述

某丰田卡罗拉轿车行驶 10 万 km，轮胎单侧磨损严重，这会导致轮胎寿命变短，也影响车轮的附着条件；严重时可能导致汽车丧失定向行驶能力，引发交通事故。那么，如何解决这一问题？我们首先要进行汽车前轮侧滑检测。

一、资料收集

引导问题 1：什么是汽车侧滑？

汽车侧滑包括制动侧滑和前轮侧滑。

1. 制动侧滑

制动侧滑是指汽车制动时某一轴的车轮或两轴的车轮（两轴车）发生横向滑动的现象。

2. 前轮侧滑

为保证汽车转向时车轮无横向滑移地直线滚动，要求车轮外倾角和车轮前束值有适当配合，当车轮前轮前束值与车轮外倾角匹配不当时，车轮就可能在直线行驶过程中不做纯滚动，产生侧向滑移现象。

前轮滑移是指前轮前束值和车轮外倾角不匹配，使汽车在直线行驶时产生向左或向右的偏移现象。它反映的是汽车直线行驶的稳定性。

引导问题 2：前轮侧滑过大的危害是什么？

前轮侧滑量若在允许的范围，则对车辆使用没有大的影响，但侧滑量过大时，危害很大。

1. 影响行驶稳定性

侧滑量过大时，行驶阻力增加，出现转向沉重、自动回正作用减弱、方向明显跑偏、车头摇摆（车速 50 km/h 以上时）等现象。

根据某一车型的试验可知，前轮侧滑量为 5.2 km/h 与前轮侧滑量为 0.2 km/h 相比，其滚动阻力增加了 30%，加速性能降低了约 7.5%。

2. 增加了燃油消耗

侧滑量过大时行驶阻力随之增大。因此，汽车油耗增加，一般等速行驶耗油量增加 4% 左右。

3. 轮胎过度磨损

汽车前轮侧滑量增大使轮胎磨损加剧，同时还会引起偏磨，导致轮胎使用寿命下降。

根据对侧滑量与轮胎磨损的定量分析，磨损量与磨损速度和侧滑量成正比。通过对一万辆车次的检测情况进行分析，有 70% 的车辆侧滑量不合格。其中 80% 的车辆前轮严重磨损，胎面呈拼板状，胎肩呈锯齿形。

汽车如果存在侧滑，行驶过程中，车轮与地面之间会产生一种相互作用力，那么该作用力垂直于汽车行驶方向。如果让汽车驶过可以横向自由滑动的滑动板，上述作用力将使滑动板产生侧向滑动。

检测汽车的侧滑量，可以判断汽车前轮前束值和前轮外倾角这两个参数配合是否恰当，而并不是测量这两个参数的具体数值，检测汽车侧滑的检验台就是基于这个原理。

引导问题 3：汽车前轮发生侧滑的原因是什么？检测的目的是什么？

汽车在地面行走时，要求车轮外倾角和车轮前束值有适当配合，才能保证汽车转向车轮无横向滑移地直线滚动，否则车轮就可能在直线行驶过程中不做纯滚动，产生侧向滑移现象。当这种滑移现象过于严重时，将破坏车轮的附着条件，使车辆丧失定向行驶能力，引起轮胎的异常磨损。

1. 检测的目的

前轮侧滑检测属于车轮定位参数的动态检测，其目的是检测汽车前轮外倾角与前轮前束值的匹配情况。

2. 前轮侧滑的原因

（1）前轮外倾引起侧滑。

当车轮具有正外倾角时，其轮轴中心的延长线必定与地面在一定距离处有一个交点D，车轮滚动时，车轮会绕D点转动。在实际运动中，由于有车桥的约束，车轮不可能向外滚动，而是产生向外滚动的趋势。

当车轮通过滑动板时，存在于车轮与滑动板之间的弹性附着力就会推动滑动板向内移动，如图5-43所示。滑动板由实线位置侧滑到虚线位置，其单边前轮的内侧滑量$S_c = \frac{L'-L}{2}$（<0），记为负侧滑（滑动板向内侧滑）。

（2）前轮前束引起的侧滑。

假设让两个只有前束而没有外倾的前轮向前驶过滑动板，两侧滑动板在前轮侧向力的作用下分别向外侧滑移，如图5-44所示，该滑移量即为前轮前束引起的侧滑量，其单边前轮的外侧滑量$S_t = \frac{L'-L}{2}$（>0），记为正侧滑（滑动板向外侧滑）。

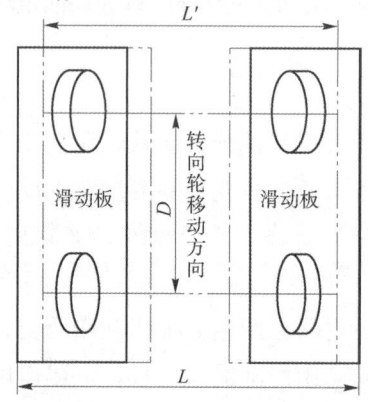

图 5-43　由车轮外倾角引起侧滑 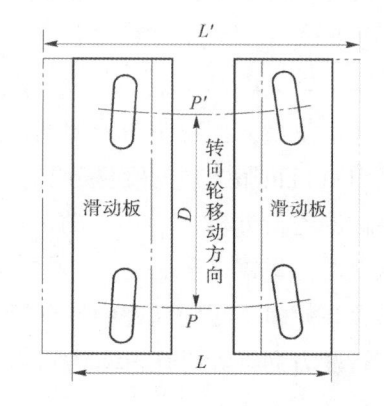　　图 5-44　由车轮前束引起的侧滑

（3）前轮外倾与前轮前束的综合作用。

汽车前轮同时设置外倾角与前束值，侧滑量为二者的综合作用的结果：$S=S_t-S_c$。

如果二者配合得当，则前轮在向前滚动过程中，车轮外倾与前束作用在前轮的侧向力大小相等、方向相反，可以相互抵消，使得车轮处于向前直行的滚动状态，不产生侧滑，即$S=0$。

如果二者配合不当，滑动板向外滑动，S>0，则说明车轮外倾角过小，或前束过大，或为车轮内倾；滑动板向内滑动，S<0，则说明车轮外倾角过大，或前束过小，或为负前束。

引导问题 4：前轮侧滑检测参数是什么？国家标准是什么？

侧滑量是指汽车在直线行驶距离 1 km 时，前轮的横向位移量。

前轮侧滑参数用侧滑量与滑动板长度之比表示，即

$$C=\frac{S}{L}$$

式中，C 表示侧滑参数，单位为 m/km；S 表示前轮单边侧滑量，单位为 mm；L 表示滑动板的长度，单位为 mm。

（1）机动车前轮转向后应能自动回正，以使机动车具有稳定的直线行驶能力。

（2）机动车前轮定位值应符合该车有关技术条件。

（3）GB 7258—2004《机动车运行安全技术条件》规定：汽车的车轮定位应符合该车有关技术条件。车轮定位值应在产品使用说明书中标明。对前轴采用非独立悬架的汽车，其前轮的横向滑移量，用侧滑检验台检测时，侧滑量值应在 ±5 m/km 之间。规定侧滑量方向为外正内负。

引导问题 5：用什么仪器检测汽车侧滑？它是怎么工作的？

目前，检测汽车侧滑一般用侧滑检验台进行。侧滑检验台是使汽车在滑动板上驶过时，用测量滑动板左右移动量的方法来测量前轮侧滑量的大小和方向，并判断是否合格的一种检测设备。目前，在国内侧滑检验台有单板侧滑检验台和双板联动侧滑检验台，这里以双板联动侧滑检验台为例进行介绍。

双板联动侧滑检验台主要由机械和电气两部分组成。机械部分主要由两块滑动板、联动机构、回零机构、滚轮及导向机构、限位装置及锁零机构组成。电气部分包括位移传感器和指示装置。

1. 机械部分

左右两块滑动板分别支撑在各自的四个滚轮上，每块滑动板与其连接的导向轴承在轨道内滚动，保证了滑动板只能沿左、右方向滑动而限制了其纵向的运动，如图 5-45 所示。两块滑动板通过中间的联杆机构连接起来，从而保证了两块滑动板做同时向内或同时向外的运动。相应的位移量通过位移传感器转变成电信号送入仪表。回零机构保证汽车前轮通过后滑动板能够自动回零。限位装置限制滑动板过分移动而超过传感器的允许范围，起保护传感器的作用。锁零机构能在设备空闲或设备运输时保护传感器。润滑机构能够保证滑动板轻便自如地移动。

2. 电气部分

电气部分按传感器的种类不同而有所区别。目前常用的位移传感器有电位计式和差动变压器式两种。

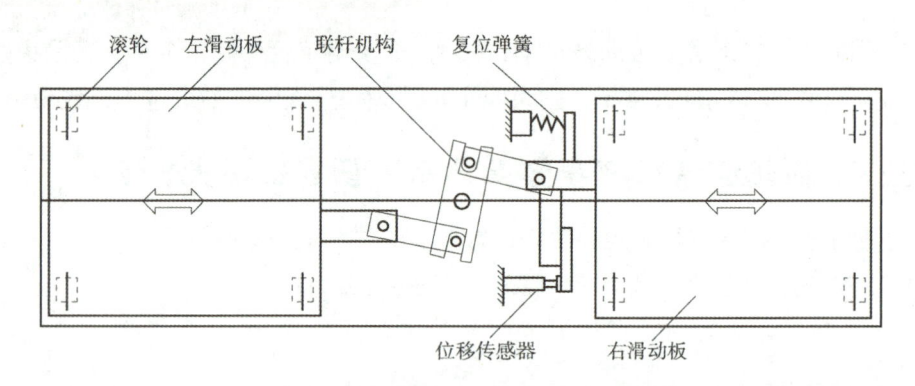

图 5-45 侧滑检验台结构示意图

（1）电位计式测量装置。

电位计式测量装置的原理非常简单，将一个可调电阻安装在侧滑检验台底座上，其活动触点通过传动机构与滑动板相连，电位计两端输入一个固定电压（比如 5 V），中间触点随着滑动板的内外移动也发生变化，输出电压也随之在 0~5 V 变化，把 2.5 V 左右的位置作为侧滑检验台的零点。如果滑动板向外移动，输出电压大于 2.5 V，达到外侧极限输出电压 5 V。如果滑动板向内移动，输出电压小于 2.5 V，达到内侧极限输出电压为 0。这样仪表就可以通过 A/D 转换将侧滑传感器电压转换成数字量，并送入单片机处理，得出侧滑量的大小。

（2）差动变压器式测量装置。

差动变压器式测量装置的原理与电位计式类似，只是电位计式输出一个正电压信号，而差动变压器式输出的是正负两种信号。把电压为 0 时的位置作为零点。滑动板向外移动输出一个大于 0 的正电压，向内移动输出一个小于 0 的负电压。同样，仪表就可以通过 A/D 转换将侧滑传感器电压转换成数字量，并送入单片机处理，得出侧滑量的大小。

指示仪表可分为数字式和指针式两种，目前检测站普遍使用的是数字式仪表，早期自整角电机式测量装置一般采用指针式仪表。数字式仪表多为智能仪表，实际就是一个单片机系统。

（3）指示装置。

指示装置有指针式和数字式，近年来国内各厂家生产的侧滑检验台均采用数字式指示装置。数字式指示装置多以单片机进行数据采集和处理，因而具有操作方便、运行可靠、抗干扰性强等优点，同时还具有对检测结果进行分析、判断、存储、打印和数字显示等功能。当滑动板侧滑时通过位移传感器转变成电信号，经过放大与信号处理后成为 0~5 V 的模拟量，再经 A/D 转变成数字量，输入微机运算处理，然后显示出检测结果或由打印机打印出检测结果。数字式显示装置直接显示数据，并用"+"和"-"表示。滑动板向外侧滑记为"+"，向内滑动记为"-"。

3. 释放板的作用

根据 GA468—2004《机动车安全检验项目与方法》要求，侧滑检验台带车轮应力释放功能。车轮在驶入侧滑检验台前，由于车轮侧滑量的作用，车轮与地面间接触产生的横向应力迫使车轮产生变形,在驶上滑动板的瞬间将迅速释放并引起滑动板移动量大于实际侧滑量引起的位移;在驶出滑动板的瞬间已接触地面部分的轮胎将积聚应力阻碍滑动板移动,从而使滑动板位移量小于实际值。因此,近年来陆续出现了前后带应力释放板的侧滑检验台,以保证车轮通过中间滑动板(带侧滑量检测传感器)时能得以准确测量。因进车时的应力释放对侧滑量造成的影响比出车时大得多,且考虑到成本因素,故目前在进车方向带释放板的侧滑检验台较多。

二、实施作业

引导问题6:实施检测汽车侧滑需要哪些工具、设备和材料?

(1)工具:侧滑检验台;
(2)设备:卡罗拉轿车;
(3)防护用品:翼子板布、前格栅布、车辆防护五件套等。

引导问题7:该怎样检测汽车侧滑呢?

1. 检测前准备工作

(1)检测设备的准备。

①检查侧滑检验台导线连接情况,打开电源开关,查看屏幕是否亮度正常并都在零位上,如图5-46所示。

②检查侧滑检验台上面及其周围的清洁情况,如有油污、泥土、砂石及水等应予清除。

③打开侧滑检验台的锁止装置,检查滑动板能否在外力作用下左右滑动自如,外力消失后回到原始位置,且指示装置指在零点,如图5-47所示。

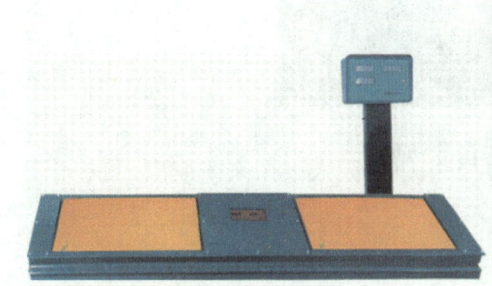

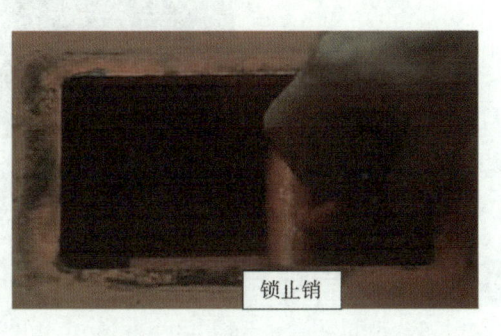

图5-46 侧滑检验台检查　　　　图5-47 打开锁止销

④检查报警装置在规定值时能否发出报警信号,并视需要进行调整或修理。

(2)检测车辆的准备。

①轮胎气压应符合汽车制造厂的规定。

②轮胎上有油污、泥土、水或花纹沟槽内嵌有异物时，应清理干净。
③轮胎花纹深度必须符合 GB 7258—2017《机动车运行安全技术条件》的规定。

2. 检测流程

（1）拔掉滑动板的锁止销钉，接通电源。

（2）将汽车前轮始终以 3~5 km/h 的速度垂直滑动板驶向侧滑检验台，使前轮平稳通过滑动板，如图 5-48 所示。

注意：在滑动板上不能停顿，检测过程中不能转向和制动，超过侧滑检验台允许轴荷的车辆不准驶上滑动板。

（3）当前轮完全通过滑动板后，从指示装置上观察侧滑方向并读取、打印最大侧滑量，如图 5-49 所示。

图 5-48　车辆垂直通过侧滑检验台　　　　图 5-49　侧滑值显示

（4）对于后轮有定位的汽车，按同样方法检测后轮侧滑量。

（5）检测结束后，锁止滑动板，如图 5-50 所示，切断电源。

图 5-50　锁止滑动板

3. 检测结果记录与分析

序号	评价指标	测量数值	是否合格
1	侧滑量 m/km		□是　□否
2	正侧滑		□是　□否
3	负侧滑		□是　□否

4. 汽车侧滑调整

（1）前轮前束值调整方法。

①汽车经侧滑检验台检验，若侧滑量为零，汽车能维持直线行驶，则表明其前轮前束值与车轮外倾角配合恰到好处，不需调整。

②若侧滑动板向外侧滑（＋）且其侧滑量超过规定值，则表明前轮前束值太大，可相应将转向梯形机构的横拉杆缩短。

③若侧滑板向内侧滑（－）且其侧滑量超过规定值，则表明前轮负前束值太大，此时，应放长转向梯形机构的横拉杆。

④调整方法：首先松开横拉杆长度锁紧螺母；然后用管钳转动调整螺母套管，该套管左右两端螺旋线方向相反，转动时可使横拉杆向两端伸长或缩短，以此来调节前轮前束值。

（2）车轮外倾角调整方法。

非独立悬架车轴的车轮外倾角是在转向节设计中确定的，当车轮外倾角不符合规定时，须检查轮毂轴承是否松旷、转向节铜套是否磨损和转向节轴是否变形等，根据故障情况可予以修复或更换。独立悬架汽车，如国产红旗轿车前轮采用不等长双摆臂式螺旋弹簧独立悬架，其车轮外倾角的调整可通过增减调整垫片来实现。

5. 总结评估

请根据自己任务完成的情况，对自己的工作进行自我评估，总结工作中遇到的问题或出现的情况，并提出改进意见。

三、评价反馈

对本学习任务进行评价，填写表5-5。

表5-5 评分表

考核项目	评分标准	分数	学生自评	小组评价	教师评价	小计
活动参与	是否积极主动	5				
安全生产	有无安全隐患	10				
现场"5S"	是否做到	10				
任务方案	是否合理	15				
操作过程	1.是否能根据国家标准，判断检测结果； 2.是否能在指定工位上熟练完成侧滑量的检测； 3.是否会读取侧滑试验结果并对结果进行判断； 4.是否完成车轮外倾角与前轮前束值的调整	30				
任务完成情况	是否圆满完成	5				
工具和设备使用	是否规范地使用侧滑检验台	10				
劳动纪律	是否违反	10				
工单填写	是否完整、规范	5				
总分		100				
教师签名：			年	月	日	得分

四、学习拓展

本学习任务学习了前轮的侧滑检测，那么后轮会出现侧滑吗？怎么进行后轮侧滑检测？请你查阅资料并记录下来，和小伙伴一起交流探讨。

学习任务 6
检测汽车平顺和通过性能

学习任务 6　检测汽车平顺和通过性能

任务 6.1　检测汽车车轮动平衡

学习目标

完成本学习任务后,你应当能:
1. 掌握车轮动不平衡的原因与危害;
2. 掌握离车式车轮平衡机组成与功能;
3. 熟练使用车轮平衡机及附属工具,进行动不平衡检测;
4. 读取检测数据,判定车轮内外不平衡重数值及位置,并完成平衡块的选择及正确加装。

建议完成本学习任务的时间为 6 个课时。

学习任务描述

某客户来 4S 店反映:其车辆是 2016 款科鲁兹轿车,最近车辆在高速路上行驶时,明显感到车轮跳动和摆振,转向盘振动,影响汽车的平顺性和舒适性。维修工小张建议做车轮动平衡和四轮定位检测。

一、资料收集

引导问题 1:什么是车轮不平衡?

汽车的车轮是由轮胎、轮毂组成的一个整体。但由于制造及安装原因,使整体各部分的质量分布不可能非常均匀。当汽车车轮高速旋转起来后,就会形成动不平衡状态,造成车辆在行驶中车轮抖动、方向盘振动的现象。为了避免这种现象或是消除已经发生的这种现象,就要使车轮在动态情况下通过增加配重的方法,使车轮校正各边缘部分的平衡。这个校正的过程就是人们常说的动平衡。

车轮的不平衡包含静不平衡和动不平衡。

1. 车轮静不平衡

车轮静平衡指车轮质心与旋转中心重合。车轮静不平衡是指车轮质心与旋转中心不重合，若使其转动，则只能停止于一个固定方位。

检验方法：转动轮胎，标记第一次停止的最低点；若多次转动轮胎，每次停止的位置均为标记点，则说明轮胎静不平衡。

2. 车轮动不平衡

静平衡的车轮，因车轮的质量分布相对于车轮纵向中心平面不对称，旋转时会产生方向不断变化的力偶，故车轮处于动不平衡状态。图6-1（a）所示为车轮静平衡但动不平衡，而图6-1（b）所示为车轮动平衡。

动平衡的车轮肯定是静平衡的，但静平衡的车轮却不能保证是动平衡的，因此对车轮主要进行动平衡检测。

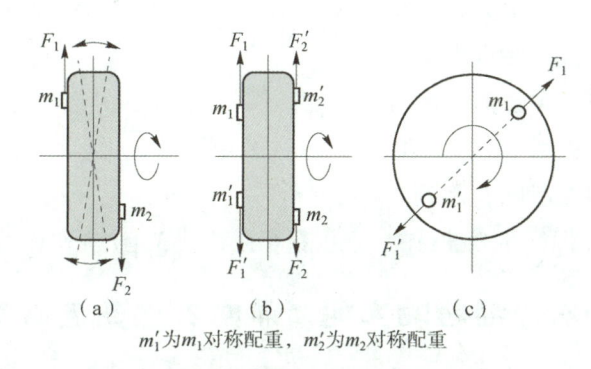

m_1'为m_1对称配重，m_2'为m_2对称配重

图6-1 车轮平衡示意图

（a）车轮静平衡但动不平衡；（b）车轮动平衡；（c）对称配重示意

引导问题2：哪些原因会导致车轮动不平衡呢？车轮动不平衡的危害有哪些？什么情况下车轮要做动平衡？

1. 车轮动不平衡的原因

（1）车轮定位不当，尤其是前轮前束值、主销内倾角和主销后倾角调整不当导致前轮定位不当，不仅影响汽车的操纵性和行驶稳定性，而且会造成轮胎偏磨，这种胎冠的不均匀磨损与轮胎不平衡形成恶性循环，因而使用中出现车轮不平衡，也可能是车轮定位角失准的信号。

（2）轮胎和轮辋以及挡圈等因几何形状（主要是碰撞变形）失准或密度不均匀形成的重心偏离。

（3）因轮毂和轮辋定位误差使安装中心与旋转中心不重合。

（4）维修过程的拆装改变了整体质量中心，破坏了原有的良好平衡状态。

（5）轮辋直径过小，运行中轮胎相对于轮辋在圆周方向滑移，从而产生波状不均匀磨损。

（6）车轮碰撞造成的变形引起的质心位移。
（7）高速行驶中制动抱死而引起的纵向和横向滑移，造成局部的不均匀磨损。

2. 车轮动不平衡危害

行驶中的车辆车轮动不平衡会产生以下危害：
（1）胎面会与地面产生不正常的磨损，不平衡量较大处会以磨损的方式将多余量消除。
（2）会加速车轴与轴承的磨损。
（3）会加速悬架和转向系统部件的磨损。
（4）转向轮的振动会导致转向盘的抖动，从而影响驾驶员的舒适性。
（5）最重要的是在高转速时可能涉及人身安全，如爆胎、方向不受控制、翻车等。

3. 下列情况车轮要做动不平衡检测

（1）行驶在平整的路面上时，感觉到转向盘发抖、过重或漂浮发抖。
（2）修补轮胎、更换轮胎或轮毂后。
（3）更换新轮胎或发生强烈碰撞后。
（4）前后轮胎单侧偏磨。
（5）直行时汽车向左或向右跑偏。
（6）虽无以上状况，但出于维护目的，建议新车在驾驶3个月后，以后半年或一万千米一次。

引导问题3：用什么设备检测车轮动平衡？它是怎么工作的？

通常情况下用动平衡机检测车轮动平衡，动平衡机分为就车式和离车式两种。

1. 就车式动平衡机

就车式动平衡机在给汽车车轮做动平衡时，无须拆下车轮，只要将就车式动平衡机移动到待测车轮旁即可。

就车式动平衡机一般由驱动装置、测量装置、指示与控制装置、制动装置和小车等组成。驱动装置由电动机、转轮等组成，能带动支离地面的车轮转动。测量装置由传感磁头、可调支杆、底座和传感器等组成。

就车式动平衡机能将车轮不平衡量产生的振动变成电信号，送至指示与控制装置。指示与控制装置由频闪灯、不平衡量表或数字显示屏等组成。频闪灯用来指示车轮动不平衡点位置，不平衡量表或数字显示屏用来指示车轮的不平衡量。不平衡量一般有两个挡位。第一挡用于初查时的指示，第二挡用于装上平衡块后复查时指示。制动装置用于车轮停转。除测量装置外，车轮动平衡机的其余装置全都装在小车上，可方便地移动。

2. 离车式动平衡机

图6-2所示为离车式动平衡机，其由驱动系统、测量控制系统、附加装置等组成。

（1）驱动系统。

驱动系统包括安装主轴、电动机、传动装置和制动装置，通常安装在主箱里面。

（2）测量控制系统。

测量控制系统由测量振动力（水平传感器和垂直传感器）、控制面板（见图6-3）等组成。

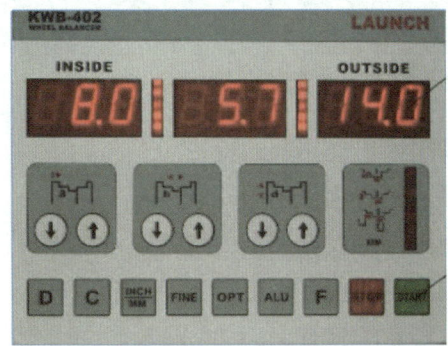

图6-2 离车式动平衡机

图6-3 控制面板

控制面板用于输入检测参数，包括轮辋边缘至机箱的距离 a、轮辋宽度 b、轮辋直径 d。其采用薄膜按键，具有良好的防水、防尘、防油、防有害气体侵蚀的特点。按键旁边有图形或字母标明意思，简单易懂。显示器采用LED技术，它具有稳定性好、结构牢固、抗冲击、耐振动、电压低、节能、环保等优点。

（3）附加装置。

附加装置通常由定位锥体、锁紧螺母、专用卡尺、平衡块等组成，如图6-4所示。通常还包括安全罩，其作用是在主轴旋转时，防止车轮上杂物或平衡块飞出伤人，起保护作用。

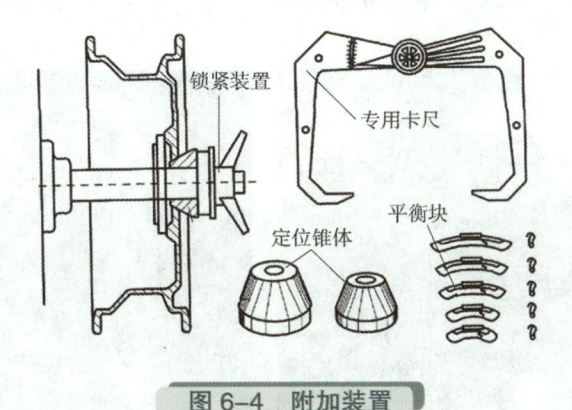

图6-4 附加装置

二、实施作业

引导问题4：实施车轮动平衡检测需要哪些工具、设备和材料？

（1）工具：双柱式举升机、常用拆装工具一套、扭力扳手、离车式动平衡机、平衡块拆装钳。

（2）设备：科鲁兹轿车。

（3）防护用品：翼子板布、前格栅布、车辆防护五件套等。

引导问题5：该怎样检测车轮动平衡呢？

1. 检测前准备工作

（1）动平衡机使用前的检查。

①动平衡机应水平稳固安装。

②检查附件有没有齐全，包括定位锥体、锁紧螺母、专用卡尺、平衡块。

③检查显示面板是否正常。

（2）对车轮的检查。

①从车辆上取下车轮。

②清除轮胎上的杂物，检查轮胎气压在标准气压。

③拆下旧平衡块，如图6-5所示。

2. 检测流程

（1）将轮胎安装至动平衡机上。

①开机，旋转开关，机器面板显示数字，表示开机成功；

②装上车轮，选择适合的锥体，注意锥体的安装方向（14寸以上轮辋装在外侧，反之在内侧），如图6-6所示；

图6-5 拆下旧平衡块

图6-6 选择合适的锥体

③装上快速螺母，并旋紧，注意力度不能过大，如图6-7所示。

（2）输入参数。

①从动平衡机上拖出测量尺，测量轮辋边缘至机箱的距离 a，如图6-8所示；

任务 6.1　检测汽车车轮动平衡

图 6-7　安装快速螺母　　图 6-8　测量轮辋边缘至机箱的距离 a

②在面板上输入相应数值，如图 6-9 所示；

③用专用卡尺测量并读取轮辋宽度数值 b，如图 6-10 所示；

图 6-9　输入轮辋边缘至机箱距离 a　　图 6-10　测量轮辋宽度

④在面板上输入轮辋宽度的相应数值 b，输入法如图 6-11 所示；

⑤在轮胎边缘找出轮胎规格读数（例如：195/65R15，字母 R 后面是轮辋直径 d=15），如图 6-12 所示；

图 6-11　输入轮辋宽度 b　　图 6-12　找出轮辋直径 d

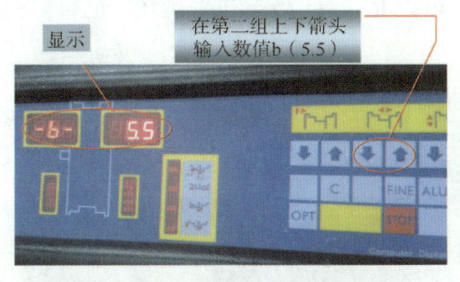

⑥在面板上输入轮辋直径的相应数值 d，输入法如图 6-13 所示。

（3）动不平衡检测。

①先顺时针推动车轮，检查平顺性，盖上安全罩；

②按 STRAT 键，开始检测，如图 6-14 所示。车轮在旋转中，动平衡机在进行数据的测量、收集与计算时，不能有外力加在平衡机上。

131

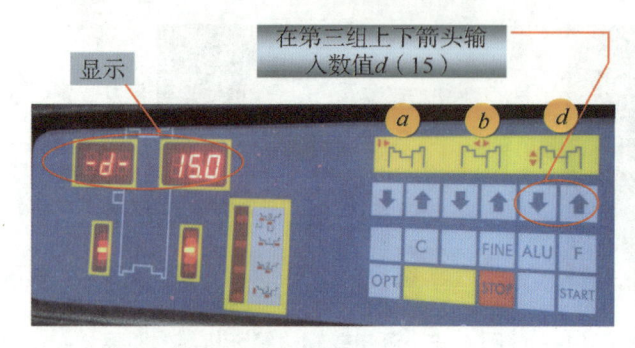

学习任务 6　检测汽车平顺和通过性能

图 6-13　输入轮辋直径 d

图 6-14　开始检测

③显示面板上左边是指车轮内侧，右边为车轮外侧，如图 6-15 所示，数字显示车轮内侧需加平衡块重 5 g，车轮外侧需加平衡块重 25 g。

（4）粘贴平衡块。

①转动车轮，当右侧指示灯全亮时停止，在轮辋的外侧上部（12 点位置）加装上相应质量的平衡块，如图 6-16 所示；

图 6-15　检测结果显示

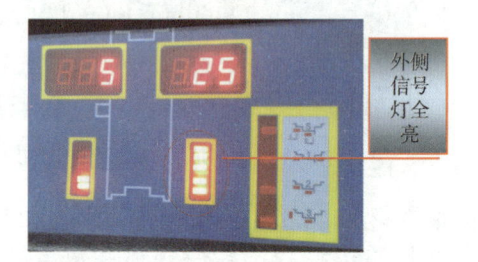

图 6-16　外侧选择加装平衡块方法

②选择合适的平衡块，平衡块上有数值，可以是一个 25 g 的平衡块；也可以是 10 g+15 g 的 2 个平衡块组合，如图 6-17 所示；

③参照外侧的方法，转动车轮，当左侧指示灯全亮时停止，在轮辋的内侧上部（12 点位置）加装上相应质量的平衡块，如图 6-18 所示，质量为 5 g，如图 6-19 所示。

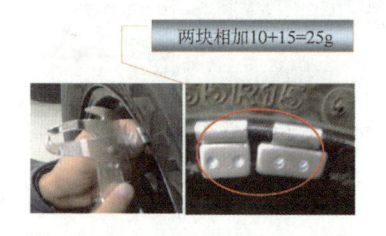

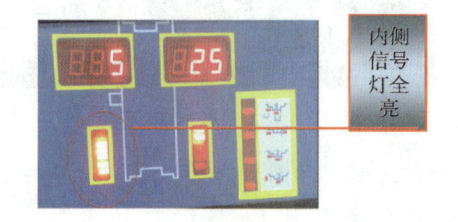

图 6-17　外侧加装平衡块位置

图 6-18　内侧选择加装平衡块方法

（5）检查是否合格。

①顺时针推动车轮，检查平顺性，盖上轮罩；

②按 STRAT 键，开始检测，车轮在旋转中，动平衡机进行数据的测量、收集与计算；

③当显示面板数值≤5 g 时，表明车轮已经处于动平衡；如显示结果 >5 g，需再次加装合适的平衡块直到数值合格为止，如图 6-20 所示。

图 6-19　内侧加装平衡块位置　　　　图 6-20　再次检测结果

3. 总结评估

请根据自己任务完成的情况，对自己的工作进行自我评估，总结工作中遇到的问题或出现的情况，并提出改进意见。

_____
_____
_____
_____
_____
_____
_____
_____
_____
_____
_____
_____

三、评价反馈

对本学习任务进行评价，填写表 6-1。

表 6-1　评分表

考核项目	评分标准	分数	学生自评	小组评价	教师评价	小计
活动参与	是否积极主动	5				
安全生产	有无安全隐患	10				
现场"5S"	是否做到	10				

续表

考核项目	评分标准	分数	学生自评	小组评价	教师评价	小计
任务方案	是否合理	15				
操作过程	1. 是否能正确查阅到信息，并填写信息； 2. 是否会测量轮胎输入参数； 3. 是否会通过显示面板输入数据参数； 4. 是否会根据动不平衡检测结果，确定轮胎内、外侧平衡块位置； 5. 是否能进行平衡块重量选择及正确加装	30				
任务完成情况	是否圆满完成	5				
工具和设备使用	是否规范地使用设备及工具	10				
劳动纪律	是否违反	10				
工单填写	是否完整、规范	5				
总分		100				
教师签名：			年　　月　　日		得分	

四、学习拓展

就车式动平衡机是怎么工作的呢？它和离车式动平衡机在应用上各有什么优缺点？请你查阅资料和小伙伴交流探讨。

任务 6.2　检测汽车悬架性能

学习目标

完成本学习任务后，你应当能：
1. 掌握悬架性能吸收率概念及悬架性能检测国家标准；
2. 掌握共振悬架装置检验台组成及功用；
3. 在指定工位上熟练完成悬架性能检测，并获取吸收率数值曲线；
4. 对检测结果进行分析并找出故障原因，完成悬架减震器等部件的修理或更换。

建议完成本学习任务的时间为 6 个课时。

学习任务描述

某雪铁龙 C4L 轿车在行驶 20 万 km 后，出现后悬架无弹性、制动时出现栽头、加速时容易出现后部下挫等现象。经初步判断认为是后悬架失效，需要对悬架性能进行检测及修理。

一、资料收集

引导问题 1：为什么要检测汽车悬架性能？

汽车悬架装置是汽车的一个重要总成，是将车身和车轴弹性联结的部件。汽车悬架装置通常由弹性元件、导向装置和减震器三部分组成，大多数轿车的悬架系统中增加横向稳定杆，以防止车辆转弯时发生过大倾斜。悬架装置的作用是传力、缓和并迅速衰减车身与车桥之间因路面不平引起的冲击和振动，保证汽车具有良好的行驶平稳性、操纵稳定性、乘坐舒适性和行驶安全性。因此，汽车悬架装置的各部件品质和匹配后的性能对汽车行驶性能都有着重要的影响。在汽车运行中，若出现侧倾、制动跑偏、车身严重振动等现象，应利用悬架装置检验台及时对悬架系统进行检测及维修。

车辆在行驶过程中，悬架的阻尼会随着路况的变化而变化，悬架阻尼的变化不仅影响乘

学习任务6　检测汽车平顺和通过性能

客的舒适性，而且会影响到车辆的操纵稳定性。随着乘客对车辆乘坐舒适性和驾驶员对车辆操纵性的要求不断提高，越来越多的电子控制悬架（简称电控悬架）被应用到轿车和大客车上。

机械式悬架系统由于弹簧的刚度和减震器的阻尼是固定的，因此无法消除车辆行驶中悬架高度变化带来的影响。而电控悬架相比普通悬架，能够根据道路情况和负荷状况的变化，对减震器的阻尼做出相应的调整。其减振阻尼可以随着行驶路况的变化而变化，而且在汽车制动和转弯时，实现四个减震器的阻尼调节，保持车身的稳定，以此来降低因车辆颠簸给乘客带来的不舒适感。此外，有的电控悬架还具有车身高度自动调节功能，极大提高了车辆行驶的稳定性、操纵性和舒适性。

引导问题 2：什么是电控悬架？它的组成和控制形式是什么？

电控悬架系统主要由（车身高度、转向角、加速度、路况预测）传感器、ECU、悬架控制执行器等组成。这里主要介绍空气式可调悬架、液压式可调悬架和电磁式可调悬架三类。

1. 空气式可调悬架

空气式可调悬架是指利用空气压缩机形成压缩空气，并通过压缩空气来调节汽车底盘的离地间隙的一种悬架。

一般装备空气式可调悬架的车型在前轮和后轮的附近都设有离地距离传感器，根据离地距离传感器的输出信号，行车电脑判断出车身高度的变化，再控制空气压缩机和排气阀门，使弹簧自动压缩或伸长，从而起到减振的效果。

空气式可调悬架中的空气弹簧的软硬能根据需要自动调节。当在高速行驶时，空气悬架可以自动变硬来提高车身的稳定性，而长时间在低速不平的路面行驶时，行车电脑则会使悬架变软来提高车辆的舒适性。图 6-21 所示为保时捷帕那梅拉（Porsche Panamera）空气式可调悬架。

图 6-21　保时捷帕那梅拉（Porsche Panamera）空气式可调悬架

图 6-22 所示为丰田轿车的空气悬架系统在车上的总体布置。

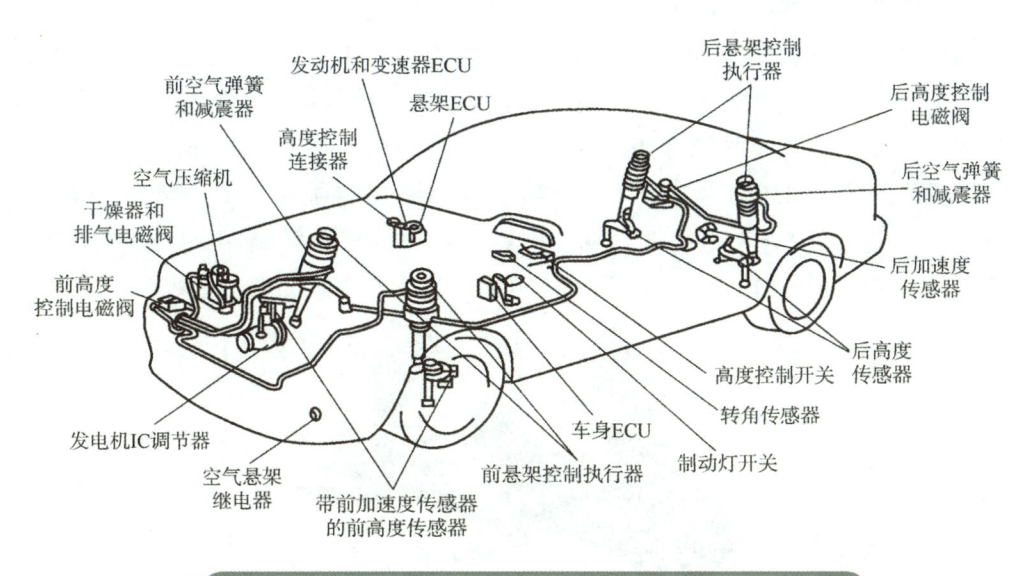

图 6-22 丰田轿车的空气悬架系统在车上的总体布置

2. 液压式可调悬架

液压式可调悬架是指根据车速和路况，通过增减液压油的方式调整汽车底盘的离地间隙来实现车身高度升降变化的一种悬架。

内置式电子液压集成模块是液压式可调悬架的核心，可根据车速、减震器伸缩频率和伸缩程度的数据信息，在汽车重心附近安装有纵向、横向加速度和横摆陀螺仪传感器，用来采集车身振动、车轮跳动、车身高度和倾斜状态等信号，这些信号被传送给行车电脑，行车电脑再根据输入信号和预先设定的程序操纵前后四个执行油缸工作。图 6-23 所示为雪铁龙 C5 液压式可调悬架结构示意图。

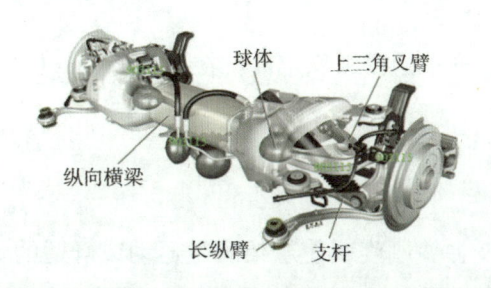

图 6-23 雪铁龙 C5 液压式可调悬架结构示意图

通过增减液压油的方式实现车身高度的升或降，也就是根据车速和路况自动调整离地间隙，从而提高汽车的平顺性和操纵稳定性。

采用液压式可调悬架的代表车型有雪铁龙 C5、雪铁龙 C6、宝马 7 系轿车等。

3. 电磁式可调悬架

电磁式可调悬架是利用电磁反应来实现汽车底盘的高度升降变化的一种悬架。它可以针对路面情况,在 1 ms 时间内做出反应,抑制振动,保持车身稳定,特别是在车速很高又突遇障碍时更能显出它的优势。电磁式可调悬架的反应速度比传统的悬架快 5 倍,即使是在最颠簸的路面,也能保证车辆平稳行驶。

电磁式悬架系统是由行车电脑、车轮位移传感器、电磁液压杆和直筒减震器组成的。在每个车轮和车身连接处都有一个车轮位移传感器,传感器与行车电脑相连,行车电脑又与电磁液压杆和直筒减震器相连。图 6-24 所示为凯迪拉克 SLS 赛威的电磁悬架。

图 6-24 凯迪拉克 SLS 赛威的电磁悬架

引导问题 3:电控悬架系统的功能有哪些?

电控悬架系统主要有车身高度调整、阻尼力控制、弹簧刚度控制等功能。

1. 车身高度调整

当汽车在起伏不平的路面行驶时,电控悬架系统可以使车身抬高,以便于通过;在良好路面高速行驶时,电控悬架系统可以降低车身,以减少空气阻力,提高操纵稳定性。

2. 阻尼力控制

电控悬架系统用来提高汽车的操纵稳定性,在急转弯、急加速和紧急制动情况下,可以抑制车身姿态的变化。

3. 弹簧刚度控制

电控悬架系统动态改变弹簧刚度,使悬架满足运动或舒适的要求。采用主动式悬架后,汽车对侧倾、俯仰、横摆跳动和车身的控制都能更加迅速、精确,汽车高速行驶和转弯的稳定性提高,车身侧倾减小。制动时车身前俯小,启动和急加速可减少后仰。即使在坏路面,车身的跳动也较小,轮胎对地面的附着力提高。

引导问题 4:检测悬架系统的性能指标是什么?有哪些技术标准?

根据 GB 18565—2016《道路运输车辆综合性能要求和检验方法》规定:设计车速不小于 100 km/h,轴质量不大于 1 500 kg 的载客汽车,其轮胎在激励振动条件下测得的悬架吸收率 P 应不小于 40%,同轴左、右轮悬架吸收率之差不得大于 15%。

欧洲减震器制造协会（EUSAMA）推荐的评价车轮接地性指标的参考标准，如表6-2所示，可供我国检测悬架装置工作性能时参考。需要指出的是，表6-2中的车轮接地性指数是在悬架装置检验台台面振幅为6 mm时测得的，这也是大部分悬架装置检验台使用的激振振幅。

表6-2 EUSAMA推荐的评价车轮接地性指标的参考标准

车轮接地性指数 /%	车轮接地状态	车轮接地性指数 /%	车轮接地状态
60~100	优	20~30	差
45~60	良	1~20	很差
30~45	一般	0	车轮与路面脱离

说明：车轮接地性指数：汽车行驶中车轮与路面间最小法向作用力与其法向静载荷的比值。即代表了车轮与路面间的最小相对动载，用 $A\%$ 表示，在0~100%范围内变化

引导问题5：怎样检测汽车悬架性能呢？用什么设备检测？

1. 人工经验法

经验法是通过人工外观检视的方法，主要从外部检查悬架装置的弹簧是否有裂纹，弹簧和导向装置的连接螺栓是否松动，减震器是否漏油、缺油和损坏等项目，检查过程如图6-25所示。

2. 按压车体法

采用按压车体法时既可以人工按压车体，也可以用检验台的动力按压车体。按压使车体上下运动，观察悬架装置减震器和各部件的工作情况，凭经验判断是否需要更换或修理减震器和其他部件。如图6-26所示，采用检验台动力按压时，支架在固定于地面的导轨上移动，固定在支架上的测量装置随支架在导轨上移动，使车辆保险杠处于推杆下。

图6-25 人工经验法检查悬架

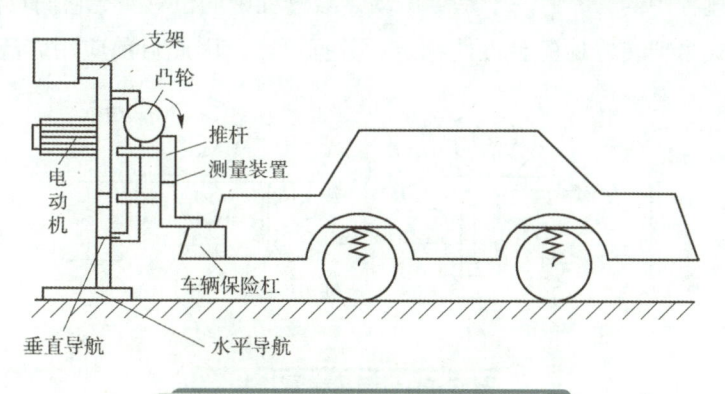

图6-26 按压车体法检验台

检测原理：接通电动机，凸轮旋转，压下推杆，车身被压低，压缩量与汽车实际行驶时静态与动态载荷引起的压缩量之和相一致。压缩到最低点时推杆松开，同时车身回弹并衰减振动。此时，光脉冲测量装置接通，得到相邻两个振动峰值，按指数衰减规律求得阻尼值并与标准相比较，评价减震器的工作性能。该方法的缺点：不能对同轴左右悬架独立评价。

3. 检验台检测法

检验台检测法能快速检测、诊断悬架装置工作性能，并能进行定量分析。根据激振方式不同，悬架装置检验台可分为跌落式和共振式两种类型。

（1）跌落式装置悬架检验台。

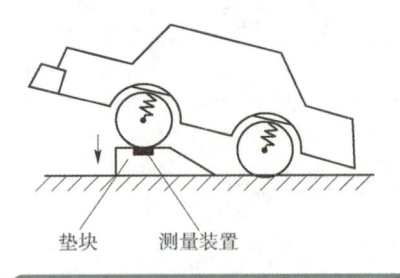

跌落式悬架装置检验台主要由垫块与测量装置组成，如图6-27所示。测试时，先通过举升装置将汽车升起一定高度，然后突然松开支撑机构或撤去垫块，车辆落下时产生自由振动，然后用测量装置测量车体振幅或用压力传感器测量车体对台面的冲击压力，对振幅或压力分析处理后，评价汽车悬架的工作性能。

图6-27 跌落式悬架装置检验台

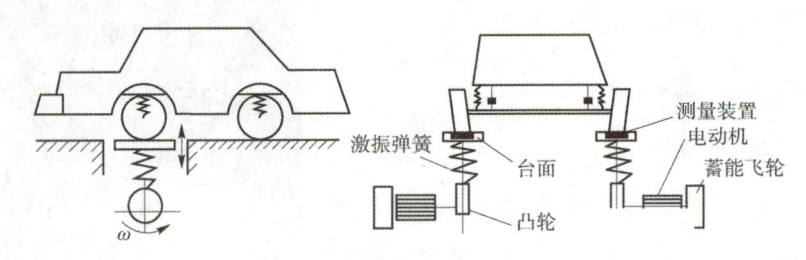

（2）共振式悬架装置检验台。

共振式悬架装置检验台由蓄能飞轮、电动机、凸轮、台面、激振弹簧、测量装置（平台）等组成，如图6-28所示。

图6-28 共振式悬架装置检验台

共振式悬架装置检验台根据检测参数的不同，又分为测力式和位移式两种类型。其中一个是测振动衰减过程中的力，另一个是测振动衰减过程中的位移量，它们具体结构如图6-29所示。由于共振式悬架装置检验台性能稳定、数据可靠，因此目前应用广泛。

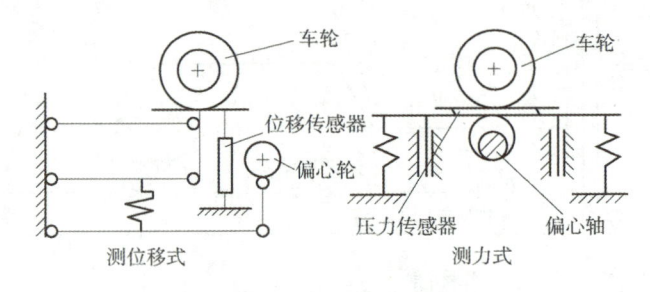

图6-29 测量装置结构

任务6.2　检测汽车悬架性能

共振式悬架装置检验台工作原理：先通过检验台中的电动机、偏心轮、蓄能飞轮和弹簧组成的激振器，迫使检验台平台及其上被检汽车悬架装置产生振动；在开机数秒后断开电动机电源，而由蓄能飞轮产生扫频激振；电动机频率比悬架固有频率高，因此蓄能飞轮在逐渐降速的扫频激振过程总能扫到悬架系统固有振动频率，从而检验台平台—悬架系统共振；通过检测激振后振动衰减过程中的力或位移的振动曲线，求出悬架系统频率和衰减特性，便可判断悬架减震器的性能。

共振式悬架装置检验台能快速检测、诊断悬架装置工作性能，并能进行定量分析，因此，许多汽车检测线都安装了共振式悬架装置检验台。

二、实施作业

引导问题6：实施检测汽车悬架性能需要哪些工具、设备和材料？

（1）工具：共振式悬架装置检验台；
（2）设备：科鲁兹轿车；
（3）防护用品：翼子板布、前格栅布、车辆防护五件套等。

引导问题7：该怎样检测汽车悬架性能呢？

1. 检测前准备工作

（1）检测设备的准备。

打开计算机电源开关，进入检测程序主界面；输入牌照号码、牌照颜色、单位、厂牌型号、行驶里程、底盘号码等被检车辆的基本信息，然后选择检测项目。

（2）检测车辆的准备。

①汽车轮胎规格、气压应符合规定值，车辆空载，不乘人，如图6-30所示。

②将车辆前轮驶上悬架装置检验台，使轮胎位于台面的中央位置，变速杆置空挡，拉起驻车制动器操纵杆，驾驶员离开车辆，如图6-31所示。

图6-30　检测胎压　　　　图6-31　车辆上悬架装置检验台

2. 检测流程

（1）单击"开始测试"，系统自动进行悬架性能测试。

（2）启动悬架装置检验台后，使用激振器迫使汽车悬挂产生振动，使振动频率增加至超过振荡的共振频率。

（3）电动机转速稳定后切断电动机电源，振动频率逐渐降低，并将通过共振点。

（4）记录衰减振动曲线，纵坐标为动态轮荷，横坐标为时间，测量共振时动态轮荷。计算并显示动态轮荷与静态轮荷的百分比及其同轴左右轮百分比的差值。

3. 检测结果记录与分析

序号	评价指标	测量数值 /%	是否合格
1	左前吸收率		□是 □否
2	右前吸收率		□是 □否
3	前轴左右轮差值		□是 □否
4	左后吸收率		□是 □否
5	右后吸收率		□是 □否
6	后轴左右轮差值		□是 □否

4. 总结评估

请根据自己任务完成的情况，对自己的工作进行自我评估，总结工作中遇到的问题或出现的情况，并提出改进意见。

三、评价反馈

对本学习任务进行评价，填写表 6-3。

表 6-3　评分表

考核项目	评分标准	分数	学生自评	小组评价	教师评价	小计
活动参与	是否积极主动	5				
安全生产	有无安全隐患	10				
现场"5S"	是否做到	10				
任务方案	是否合理	15				
操作过程	1. 是否能在指定工位上熟练完成悬架性能检测； 2. 是否会读取检测结果并对结果进行判断； 3. 是否能熟练更换减震器或悬架弹簧	30				
任务完成情况	是否圆满完成	5				
工具和设备使用	是否规范地使用设备及工具	10				
劳动纪律	是否违反	10				
工单填写	是否完整、规范	5				
总分		100				
教师签名：			年　　月　　日		得分	

四、学习拓展

目前还可以用平板制动检验台检测悬架性能，请你查阅资料后记录相关检测方法、工作原理和检测标准，并和小伙伴探讨交流。

学习任务 6　检测汽车平顺和通过性能

学习任务 7
检测汽车前照灯和车速表

任务 7.1 检测汽车前照灯

》学习目标《

完成本学习任务后,你应当能:

1. 知道汽车前照灯的结构和工作原理;
2. 了解汽车前照灯的检验指标及国家标准;
3. 掌握汽车前照灯检测仪的工作原理;
4. 熟练完成前照灯性能检测;
5. 读取检测结果,并根据检测结果找出故障原因,完成前照灯性能调整或更换。

建议完成本学习任务的时间为 6 个课时。

》学习任务描述《

汽车在行驶过程中常因振动使前照灯部件的安装位置发生松动,从而改变光束的正常照射方向,同时,灯泡在使用过程中也会逐步老化,反射镜也会受到污染而使其聚光性能变差,致使前照灯亮度不足。这些变化都会给驾驶带来安全隐患,更严重者会引发交通事故。那么,如何解决这一问题?我们首先要进行汽车前照灯的检测。

一、资料收集

引导问题 1:汽车前照灯结构是怎样的?

汽车前照灯安装于车辆前部两侧,用于夜间或光线昏暗路面上行驶照明。它主要由灯泡、反光镜和配光镜三部分组成。

1. 灯泡

（1）概述。

目前，汽车前照灯用灯泡的额定电压有 12 V 和 24 V 两种。灯泡的灯丝由功率大的远光灯灯丝和功率较小的近光灯灯丝组成，由钨丝制作成螺旋状，以缩小灯丝的尺寸，有利于光束的聚合。根据发光源的不同，前照灯可分为卤素灯和氙气前照灯两种形式，如图 7-1 所示。

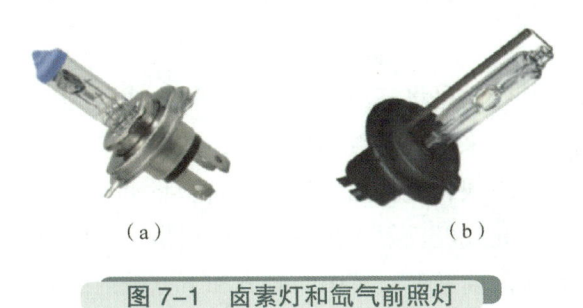

图 7-1　卤素灯和氙气前照灯
(a) 卤素灯；(b) 氙气前照灯

为了保证安装时使远光灯灯丝位于反光镜的焦点上，使近光灯灯丝位于焦点的上方，故将灯泡的插头制成插片式。插头的凸缘上有半圆形开口，与灯头的半圆形凸起配合定位。三个插片插入灯头距离不等的三个插孔中，保证其可靠连接。

（2）卤素灯。

卤素灯就是在灯泡内掺入少量的惰性气体碘（或溴），从灯丝蒸发出来的钨原子与碘原子相遇反应，生成碘化钨，当碘化钨接触白热化的灯丝时（温度超过 1 450 ℃），又会分解还原为钨和碘，钨又重新回到灯丝中，碘则重新进入气体，如此循环。

（3）氙气前照灯。

高强度气体放电前照灯（HID）能够产生比普通卤素灯泡更强的光度，由于其灯泡内一般充有氙气，因此也称氙气前照灯，其产生的光照偏白并略带蓝色。

氙气前照灯主要由控制器、灯座和灯泡等组成，如图 7-2 所示。其内部使用了 5 mm 的两个电极代替了卤素灯的灯丝，其亮度是卤素等的 2 倍以上，用电量却比卤素灯更低。与卤素灯相比，氙气前照灯白光可接受的范围更宽。因此，左、右前照灯之间存在色差是正常的。

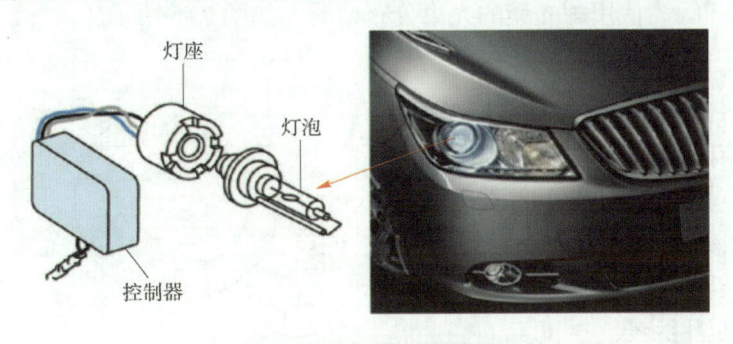

图 7-2　氙气前照灯

氙气前照灯的开启方式不同于卤素灯,当车身控制模块接收到点亮前照灯的请求时,向近光灯继电器控制电路提供搭铁,继电器触电闭合。通过继电器触电分别向左、右前照灯控制器提供电源电压,由控制器内的变压器将电源电压升压到约为 2 万 V 以上的高电压,高电压促使灯泡内部的两个电极产生电弧而发出强光。当需要开启远光时,车身控制模块控制遮光板继电器工作使遮光板打开,实现远光控制。

2. 反光镜

反光镜又称反射镜,其作用是将灯泡发出的散光聚合成强光束,以增加照明距离。反射镜为旋转抛物面,其内表面多采用真空镀铝后抛光,如图 7-3 所示。

由于灯泡发出的光亮度有限,故若无反射镜,只能照明车前数米的距离。将灯丝置于反射镜的焦点上,灯丝大部分光线经反射成为平行光束射出,其距离可达 150 m 或更远,且使亮度增强,而其他光线直接向前散射,其中向侧方和下方散射的光线可照明车前 10 m 左右,如图 7-4 所示。

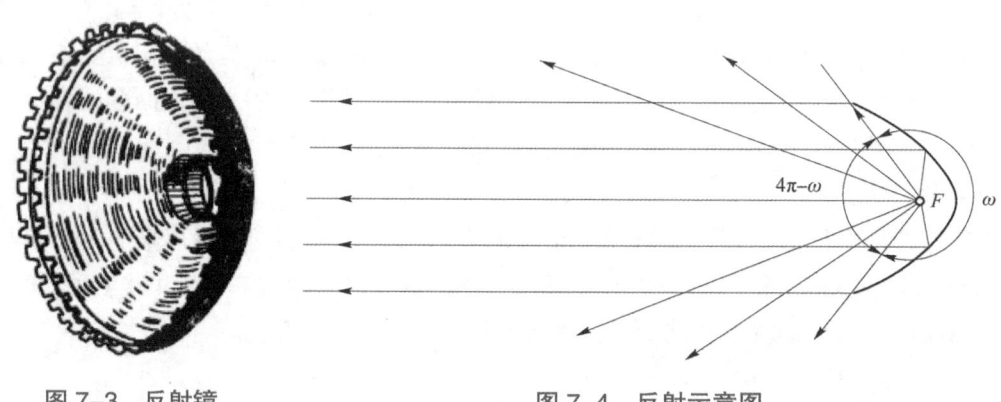

图 7-3 反射镜

图 7-4 反射示意图

3. 配光镜

配光镜也称散射玻璃,它是由透明玻璃压制而成的棱镜和透镜的组合体,如图 7-5 所示。

配光镜安装在反射镜前,可将反射光束扩散分配,使照明均匀,实线为未使用配光镜的光束分布情况,虚线为使用配光镜的光束分布情况,如图 7-6 所示。

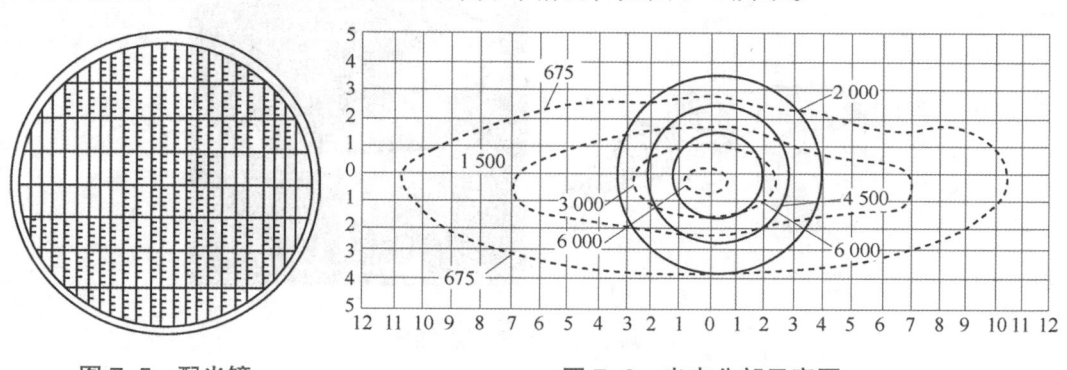

图 7-5 配光镜

图 7-6 光束分部示意图

引导问题 2：汽车前照灯有哪些类型？

1. 按照开启方式分类

前照灯按照开启的方式可分为手动开启和自动开启两种，如图 7-7 所示。

图 7-7　前照灯手动开关和自动开关

2. 按照结构分类

前照灯按结构可分为半封闭式前照灯和全封闭式前照灯。

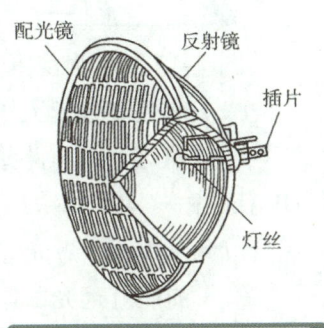

（1）半封闭式前照灯。

半封闭式前照灯的配光镜靠反射镜边缘上卷曲的牙齿紧固在反射镜上，且二者之间垫有橡皮密封圈，灯泡只能从反射镜后部拆装。这种前照灯维护方便，目前得到广泛应用，如图 7-8 所示。

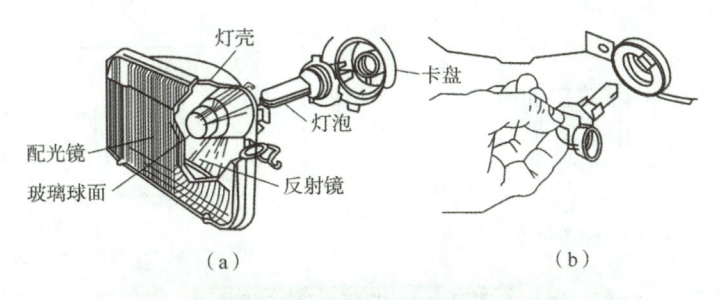

图 7-8　半封闭式前照灯结构及灯泡更换
（a）结构；（b）灯泡更换

（2）全封闭式前照灯。

全封闭式前照灯的灯丝焊在反射镜底座上，反射镜与配光镜用玻璃制成一体，反射镜表面经真空镀铝，里面充入惰性气体，形成灯芯。这种前照灯密封性好，完全避免了反射镜的污染，照明效果好，使用寿命长，但当灯丝烧断后，需要更换前照灯总成，成本较高，如图 7-9 所示。

图 7-9　全封闭式前照灯

引导问题 3：前照灯是怎样控制的？

1. 前照灯的控制部件

前照灯的控制部件包括灯光开关、变光开关、前照灯继电器等。

（1）灯光开关。

灯光开关的形式有拉钮式、旋转式和组合式等形式。通常采用组合开关，将前照灯、小灯（示宽灯、尾灯、仪表灯、牌照灯）、转向灯等开关制成一体，安装在转向盘左下方的转向柱上。组合开关操纵杆端部旋钮有三个位置，转动旋钮，可依次接通小灯和前照灯。

（2）变光开关。

变光开关的作用是变换前照灯的近光和远光。变光开关串接在前照灯电路中。将组合开关操纵杆端部旋钮置于前照灯位置，拨动操纵杆可使前照灯变光（近光与远光变换），如图 7-10 所示。

图 7-10 拨杆式车灯开关

（3）前照灯继电器。

前照灯工作电流较大，如用灯光开关直接控制前照灯，灯光开关易烧坏，因此，在前照灯电路中设有前照灯继电器。前照灯继电器 SW 端子接灯光开关，E 端子搭铁，B 端子接电源，L 端子接变光开关。当接通灯光开关（前照灯位置）时，继电器线圈通电，触点闭合，通过变光开关向前照灯供电，如图 7-11 所示。

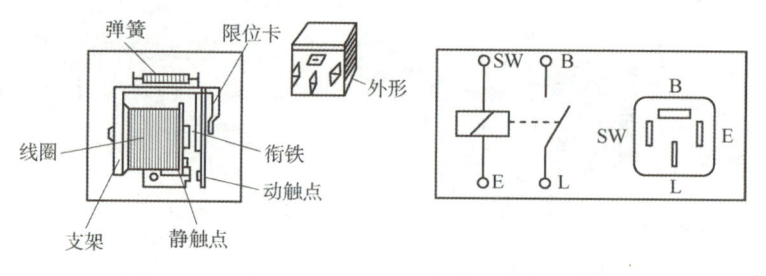

图 7-11 前照灯继电器

2. 前照灯工作情况

图 7-12 所示为富康轿车的前照灯控制电路图，其近光灯、远光灯的工作状况分析如下：

（1）前照灯近光工作情况。将灯光开关置于 HEAD 挡（前照灯挡），变光开关位于近光灯挡，前照灯远光电路接通，其回路：蓄电池正极→NO.1 保险→前照灯继电器→灯光开关 HEAD 挡→G401 搭铁；前照灯继电器→NO.12 保险，NO.13 保险→前照灯左右近光灯丝→组合灯光开关置于近光灯挡→G401 搭铁→蓄电池负极，前照灯近光亮。

（2）前照灯远光工作情况。将灯光开关置于 HEAD 挡（前照灯挡），变光开关位于远光灯挡，前照灯近光电路接通，其回路：蓄电池正极→NO.1 保险→前照灯继电器→灯光开关

HEAD挡→G401搭铁；前照灯继电器→NO.12保险，NO.13保险→前照灯左右远光灯丝→组合灯光开关置于远光灯挡→G401搭铁→蓄电池负极，前照灯远光亮。

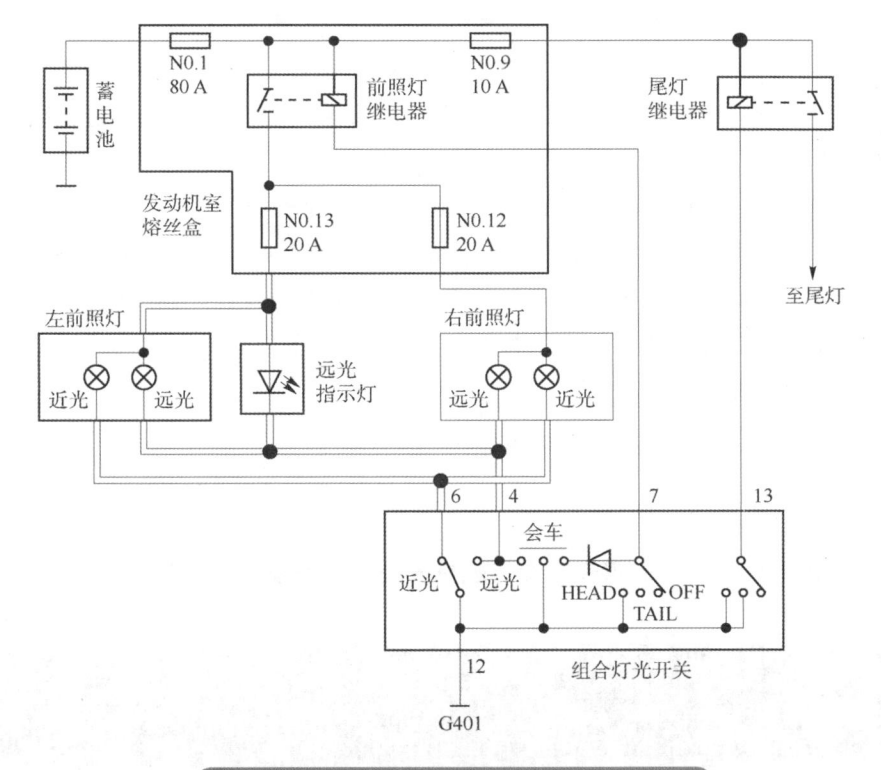

图7-12 富康轿车的前照灯控制电路图

（3）近远光交替（会车）工作情况。当车辆近光灯工作时，按下会车灯开关，前照灯近远光同时接通。其回路：蓄电池正极→NO.1保险→前照灯继电器→灯光开关HEAD挡→G401搭铁；前照灯继电器→NO.12保险，NO.13保险→前照灯近远光灯丝→组合灯光开关会车灯挡→G401搭铁→蓄电池负极，前照灯近远光点亮。

引导问题4：为什么要检测前照灯？检测的标准是什么？

1. 汽车前照灯检测的意义

前照灯必须有足够的发光强度和正确的照射方向。发光强度、照射方向发生变化，都会使驾驶员对前方道路情况辨认不清，或与对面行驶的车辆会车时造成对方驾驶员炫目等，从而导致事故的发生。因此，前照灯的发光强度和光束的照射方向被列为机动车运行安全检测的必检项目。

2. 前照灯的国标检测标准

根据GB 7258—2017《机动车运行安全技术条件》的规定，对前照灯使用、发光强度、光束照射位置进行了规定。

学习任务 7　检测汽车前照灯和车速表

（1）前照灯的基本要求。

①机动车装备的前照灯应有远、近光变换功能；当远光变为近光时，所有远光应能同时熄灭。

②所有前照灯的近光均不应炫目，汽车（三轮汽车和装用单缸柴油机的低速货车除外）、摩托车装用的前照灯应分别符合 GB 4599—2007、GB 21259—2007、GB 25991—2010、GB 5948—1998 及 GB 19152—2016 的规定。安装有自适应前照明灯系统的，应符合 GB/T 30036—2013 的规定。

③机动车前照灯光束照射位置在正常使用条件下应保持稳定。

④汽车（三轮汽车，及设计和制造上能保证前照灯光束高度照射位置在规定的各种装载情况下均符合 GB 4785—2007 要求的汽车除外）应具有前照灯光束高度调整装置/功能，以方便地根据装载情况对光束照射位置进行调整；该调整装置如为手动调节装置，应使驾驶员坐在驾驶座上就能操作。

（2）远光光束发光强度要求。

表 7-1 所示为机动车每只前照灯的远光光束发光强度应达到的要求，测试时，电源系统应处于充电状态。

表 7-1　机动车每只前照灯的远光光束发光强度应达到的要求

单位：坎德拉（cd）

机动车类型		检查项目					
		新注册车			在用车		
		一灯制	二灯制	四灯制[a]	一灯制	二灯制	四灯制[a]
三轮汽车		8 000	6 000	—	6 000	5 000	—
最大设计车速小于 70 km/h 的汽车		—	10 000	8 000	—	8 000	6 000
其他汽车		—	18 000	15 000	—	15 000	12 000
普通摩托车		10 000	8 000		8 000	6 000	
轻便摩托车		4 000	3 000		3 000	2 500	
拖拉机运输机组	标定功率 > 18 kW		8 000			6 000	
	标定功率 ≤ 18 kW	6 000[b]	6 000		5 000[b]	5 000	

a 四灯制是指前照灯具有 4 个远光光束；采用四灯制的机动车，其中两只对称的灯达到两灯制的要求时视为合格。

b 允许手扶拖拉机运输机组只装用一只前照灯

（3）光束照射位置要求。

①车辆在空载状态下，汽车、摩托车前照灯近光光束照射在距离 10 m 的屏幕上，近光光束明暗截止线转角或中点的垂直方向位置，对近光光束透光面中心（基准中心，下同）高度小于等于 1 000 mm 的机动车，应不高于近光光束透光面中心所在水平面以下 50 mm 的直线且不低于近光光束透光面中心所在水平面以下 300 mm 的直线；对近光光束透光面中心高度大于 1 000 mm 的机动车，应不高于近光光束透光面中心所在水平面以下 100 mm 的直线且不低于近光光束透光面中心所在水平面以下 350 mm 的直线。除装用一只前照灯的三轮汽车和摩托车外，前照灯近光光束明暗截止线转角或中点的水平方向位置，与近光光束透光面

中心所在处置面相比，向左偏移应小于等于170 mm，向右偏移应小于等于350 mm。

②车辆在空载状态下，轮式拖拉机运输机组前照灯近光光束照射在距离10 m的屏幕上，近光光束中点的垂直位置应小于等于0.7H（H为前照灯近光光束透光面中心的高度），水平位置向右偏移应小于等于350 mm且不应向左偏移。

③车辆在空载状态下，对于能单独调整远光光束的汽车、摩托车前照灯，前照灯远光光束照射在距离10 m的屏幕上，其发光强度最大点的垂直方向位置，应不高于远光光束透光面中心所在水平面（高度值为H）以上100 mm的直线且不低于远光光束透光面中心所在水平面以下0.2H的直线。除装用一只前照灯的三轮汽车和摩托车外，前照灯远光发光强度最大点的水平位置，与远光光束透光面中心所在垂直面相比，左前灯向左偏移应小于等于170 mm且向右偏移应小于等于350 mm，右前灯向左和向右偏移均应小于等于350 mm。

引导问题5：怎样使用和维护前照灯？

1. 前照灯的正确使用方法

（1）应注意前照灯的密封，防止水及灰尘进入，以免污染反射镜。
（2）前照灯的光学组件要配套，不要随意更换不同功率的灯泡。
（3）前照灯安装要牢固可靠。

2. 前照灯的维护

（1）经常清洁前照灯的镜面。
（2）清洗前照灯的配光玻璃表面灰尘，并用抹布擦干。
（3）前照灯外观的检查：
①检查前照灯的配光玻璃是否破裂。如果有，则更换前照灯。
②检查前照灯安装是否牢固。如果有松动，则予以紧固。
③检查前照灯内部是否有起雾现象。如有起雾现象，则予以维修更换。
（4）前照灯工作情况的检查。
检查两侧前照灯的远光或近光是否同时点亮，远、近光变换是否正常。如果前照灯工作异常，则予以检修。

引导问题6：前照灯的检测指标有哪些？

汽车前照灯的检测指标为发光强度和光束照射位置的偏移值。

1. 发光强度

发光强度是光线在给定方向上发光强弱的度量，其单位是坎德拉，用符号cd表示。

按国际标准单位SI的规定，若某光源在给定方向上发出频率$540×10^{12}$ Hz的单色辐射，且在此方向上的辐射强度为每球面度1/683 W，则此光源在该方向上的发光强度为1 cd。

2. 光束照射位置的偏移值

如果把前照灯最亮的地方看作光束的中心，则它对水平、垂直坐标轴交点的偏离，即表示它的照射位置的偏移，其偏离的尺寸就是光束照射位置的偏移值，也称光轴的偏斜量。

引导问题 7：用什么方法检测前照灯？

检查前照灯的近光束照射位置可使用屏幕检查法或检验仪检查法。检查时，场地应平整，轮胎气压正常，汽车空载（允许乘坐一名驾驶员），蓄电池电量充足，前照灯安装牢固。

1. 屏幕检查法

如图 7-13 所示，汽车停在前照灯距幕布 L（一般为 10 m）正前方。两前照灯应分别进行检查，盖住一侧前照灯，检查另一侧前照灯的光束明暗截止线转角或中点是否落在幕布 a 或 b 点上，左、右差不得大于 100 mm，且明暗截止线应重合。如果不符合要求，则予以调整。

2. 检验仪检查法

检验仪检查法可以检验前照灯的光束照射位置与发光强度或照度。它有聚光式、屏幕式、投影式、自动追踪光轴式四种。图 7-14 所示为投影式前照灯检测仪，可以测得光轴的偏移量和发光强度。

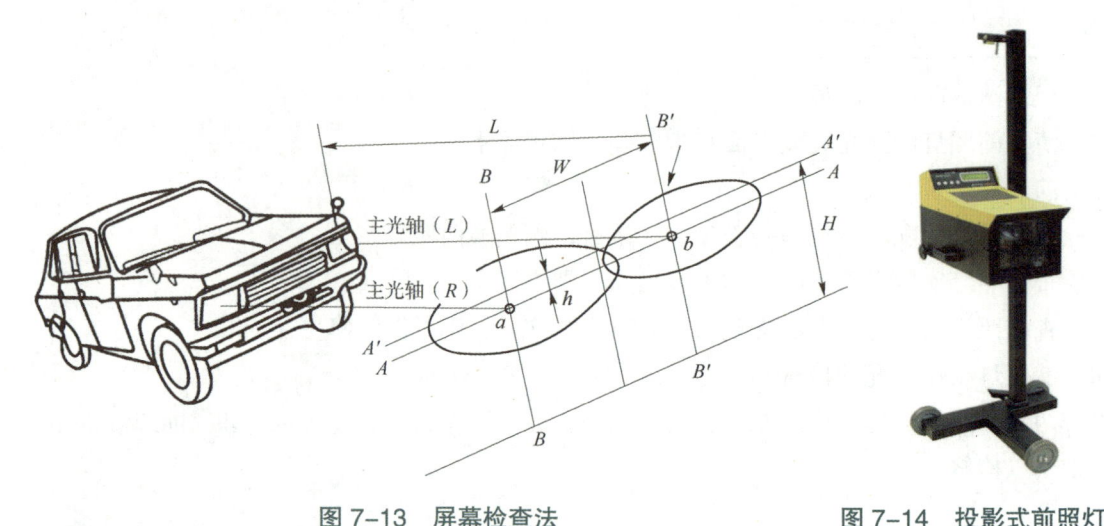

图 7-13 屏幕检查法　　　　图 7-14 投影式前照灯检测仪

二、实施作业

引导问题 8：实施汽车前照灯检测需要哪些工具、设备和材料？

（1）工具：NHD-1050 型前照灯检测仪、车轮挡块（四块）；

（2）设备：雪佛兰科鲁兹轿车；

（3）防护用品：翼子板布、前格栅布、车辆防护五件套等。

引导问题9：该怎样检测汽车前照灯呢？

1. 检测前准备工作

（1）检测设备的准备。

①调零。

在不受光的情况下，检查光度计和光轴偏斜量指针是否对准机械零点。若失准，可用零点调整螺钉调整，如图7-15所示。

②清洁。

检查聚光透镜和反射镜的镜面上有无污物。若有，可用软布或镜头纸擦拭干净。

③水准器的技术状况。

若水准器无气泡，应进行修理或更换。若气泡不在红线框内，可用水准器调节器或垫片进行调整，如图7-16所示。

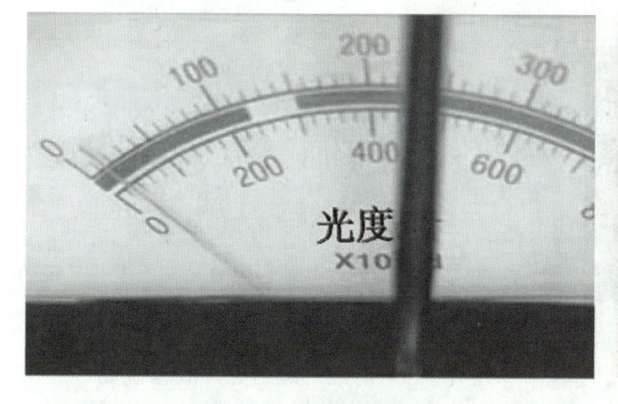

图7-15　检测仪调零　　　　　　　　图7-16　水准器调整

④检查导轨。

检查导轨是否有泥土等杂物。若有，应清理干净。

（2）检测车辆的准备。

①车辆空载，只乘坐一名驾驶员。

②清除前照灯上的污垢。

③轮胎气压应符合汽车制造厂的规定。

④汽车蓄电池电量正常。

2. 检测流程

（1）车辆和检测仪距离。

将被检汽车尽可能保持与前照灯检测仪的轨道垂直的方向驶近检测仪,使前照灯与检测仪受光器相距 1 m。

(2)车辆对准。

检测时,仪器光接收箱镜面应与被检车辆的纵向中心线垂直(称为对准)。装于仪器顶部的摆正瞄准器(见图 7-17)用于检查仪器与车辆的对准效果。在被检车辆的纵向中心线上任意选定前后两个参考点,用瞄准器观察,如果上述两个参考点均落在瞄准器十字分划板的垂直线上,则说明车辆已对准。否则,应重新停放车辆,或者使光接收箱旋转一定角度,使车辆与仪器对准。

(3)前照灯对准。

打开前照灯,使灯光照射在仪器光接收箱的镜面上,如图 7-18 所示。打开仪器后盖上影像观察器的镜盒盖,从镜盒盖反射镜上可观察到被测前照灯的影像。移动光接收箱的位置,使被检前照灯的光斑落在影像观察器的正中央,如图 7-19 所示,表示仪器已对准被测前照灯。

图 7-17 摆正瞄准器　　　　图 7-18 前照灯照射光接收箱镜面

(4)检测。

把电源开关转至"检查"状态,电源指示灯亮,此时光度计指示电源电压的大小。

如果指示结果在绿区,则表示电压充足,可进行检测;如果指示结果在红区,则表示电压不足,如图 7-20 所示。

确认电源电压正常后,将电源开关转至"工作"状态,仪器通电,电源指示灯亮。

在屏幕上会出现被检前照灯光束投射出的光斑,转动控制面板上的光轴刻度盘旋钮(左右及上下),使光斑大致位于屏幕中央。随后一边观察左右指示计及上下指示计偏转情况,一边转动光轴刻度盘旋钮,直至左右指示计、上下指示计均指零,如图 7-21 所示。

光轴刻度盘上所示的读数就是被测前照灯的光轴偏斜量,如图 7-22 所示。光度计同时指示出被检前照灯的发光强度。

任务 7.1　检测汽车前照灯

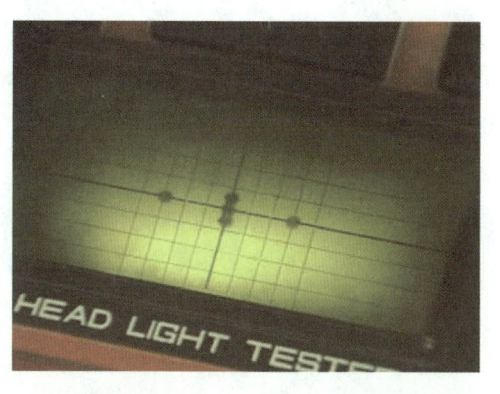

图 7-19　被检前照灯的光斑落在影像观察器的正中央

图 7-20　光度计显示结果

图 7-21　光轴偏斜量上下指示计

图 7-22　光轴偏斜量上下刻度盘旋钮

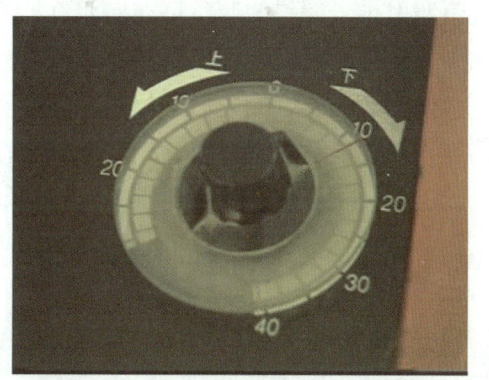

（5）检测完毕后，将电源开关转至"关"状态。

3. 记录检测结果

将测量结果填入表 7-2，并结合表 7-1 判断前照灯是否满足要求。

表 7-2　检测结果记录表

评价指标	测量数值	是否合格
左前照灯远光光强度（cd）		□是　□否
左前照灯近光偏斜量		□是　□否
右前照灯远光光强度（cd）		□是　□否
右前照灯近光偏斜量		□是　□否

4. 检测结果分析

前照灯检验结果不合格的两种情况是前照灯发光强度不合格、前照灯照射位置不合格。

（1）左、右前照灯发光强度均偏低。

①检查前照灯反光镜，如果光泽昏暗、发黑或镀层剥落应予以更换。

157

②检查灯泡，如果灯泡老化或质量不符合要求，光度偏低都应予以更换。

③检查蓄电池端电压，如果端电压偏低，应先充足电再检测。仅靠蓄电池供电，前照灯发光强度一般很难达到标准，检测时应选用启动电源供电或起动发动机发电。

（2）左右前照灯发光强度不一致。

①检查发光强度偏低的前照灯反光镜，如果光泽昏暗、发黑或镀层剥落应予以更换。

②检查发光强度偏低的前照灯灯泡，如果灯泡老化或质量不符合要求应予以更换。

③检查搭铁线路的接触状况，出现发光强度不一致的现象多为搭铁线路的接触不良。

（3）前照灯光束照射位置偏斜。

前照灯安装位置不当或因强烈振动而错位都会导致光束照射位置偏斜，应予以调整。前照灯光束照射位置偏斜的调整可在前照灯检测仪上进行。

（4）前照灯照射区域不规则。

产生前照灯照射区域光形不规则、亮度不均甚至漏光等现象的原因可能是配光镜和反光镜的角度、弧线以及它们之间的相互配合存在设计问题、配光镜材质问题（材质对光的吸收率高）、反光罩质量问题（加工粗糙、材料低劣造成反光率差）。

5. 总结

请根据自己任务完成的情况，对自己的工作进行自我评估，总结工作中遇到的问题或出现的情况，并提出改进意见。

三、评价反馈

对本学习任务进行评价，填写表7-3。

表 7-3 评分表

考核项目	评分标准	分数	学生自评	小组评价	教师评价	小计
活动参与	是否积极主动	5				
安全生产	有无安全隐患	10				
现场"5S"	是否做到	10				
任务方案	是否合理	15				
操作过程	1. 能否正确查阅到信息,并填写信息; 2. 能否正确使用检测仪检测前照灯; 3. 是否对前照灯的检测结果进行正确分析	30				
任务完成情况	是否圆满完成	5				
工具和设备使用	是否规范正确地使用检测仪	10				
劳动纪律	是否违反	10				
工单填写	是否完整、规范	5				
总分		100				
教师签名:			年	月	日	得分

四、学习拓展

根据检测标准,调整光束照射位置时,以调整近光光束为主,因为质量合格的灯泡,在近光光束调整合格后,远光光束一般也会合格。若经过复核,此时远光光束照射方向不合格,则应更换灯泡。请你一起和小伙伴探讨如果近光灯光束不合格该怎样进行调整。调整之后需要再做前照灯检测吗?

任务 7.2　检测汽车车速表

学习目标

完成本学习任务后，你应当能：
1. 掌握车速表示值误差的形成原因；
2. 掌握汽车车速表示值误差的国家标准；
3. 掌握汽车车速表检验台的结构及工作原理；
4. 在指定工位上熟练完成车速表检测，读取车速表车速与检验台指示车速；
5. 根据检测结果计算并分析车速表示值误差，并能排除故障。

建议完成本学习任务的时间为 6 个课时。

学习任务描述

车速表是指用来指示汽车行驶速度的仪表。车速表在长期使用后，其示值误差会越来越大。当车速表的指示误差太大时，不仅会使驾驶员在限速路段行驶时难以正确控制车速，而且极易使其错误地判断汽车的行驶情况，对行车安全与高效运用车辆非常不利。所以为了避免这种问题，保证行车安全，我们要对车速表进行定期检测。

一、资料收集

引导问题 1：车速表造成示值误差的原因是什么？

造成汽车车速表示值误差的原因主要有车速表自身的原因和轮胎的原因。

1. 车速表自身的原因

现代车速表通常与里程表复合在一起，并由同一根轴驱动或使用同一传感器。传感器的形式主要有磁感应式和电子式两种。不论磁感应式还是电子式车速表，其主轴都是由与变速器相连的软轴驱动的。对于磁感应式车速表（见图7-23），车速表与里程表合成在一起，当主轴旋转时，与主轴固定连接的永久磁铁也一起旋转，其磁场会在铝罩上感应涡流，产生的涡流力矩能引起铝罩偏转并带动游丝和指针偏转，最后达到涡流力矩与游丝的弹性反力矩相平衡。车速越高，涡流力矩越大，指针偏转的角度也越大。对于电子式车速表来说，主轴的转动会引起传感器产生与主轴转速成正比的脉冲信号，经电子线路放大后，送到仪表引起指针偏转或给出数字指示。

随着汽车行驶里程的增加，车速表内带指针的活动转盘、带永久磁铁的转轴以及轴承、齿轮、游丝等机械零件和磁性元件在工作过程中不可避免地要产生磨损，永磁元件可能退磁老化，这些因素都会造成车速表示值误差增大。

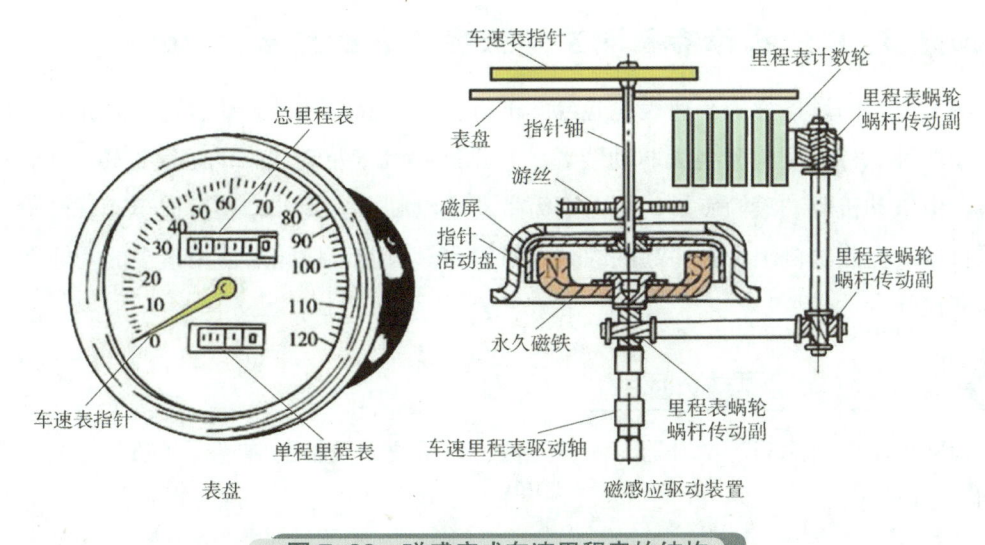

图7-23 磁感应式车速里程表的结构

2. 轮胎方面的原因

由车速表的工作原理可知，车速表的指示值与车轮的转速成正比，而汽车行驶的速度相当于驱动轮的线速度，显然线速度不仅与转动速度有关，还与车轮的半径有关。理论上，若驱动轮半径为 r，其转速为 n，则可以算出汽车行驶的线速度，公式如下：

$$V_{车}=0.337\frac{rn}{i_g i_0}$$

式中，$V_{车}$ 表示汽车行驶速度（km/h）；r 表示车轮滚动半径（mm）；n 表示发动机的转速（r/min）；i_g 表示变速器传动比；i_0 表示主减速器传动比。

实际上，由于轮胎是一个充气的弹性体，因此汽车行驶时，轮胎在受到垂直载荷、车轮驱动力和地面阻力等作用下会发生弹性变形；另外，轮胎磨损、气压不符合标准（过高或不足）等也会影响车轮半径的变化。因此，即使在驱动轮转速不变（车速表示值也不变）的情况下，上述原因也会引起实际车速与车速表示值不一致的现象。因此，为了行车安全，定期校验车速表是十分必要的。

引导问题 2：国标中车速表示值误差标准是多少？

国家标准 GB 18565—2016《道路运输车辆综合性能要求和检验方法》规定：对于车速表示值误差（最高设计车速不大于 40 km/h 的机动车除外），车速表指示车速 V_1（km/h）与实际车速 V_2（km/h）间应符合公式：

$$0 \leq V_1 - V_2 \leq \frac{V_2}{10} + 4$$

即当被测机动车车速表的指示车速 V_1 为 40 km/h 时，检测的实际车速 V_2 在 32.8~40 km/h 为合格。或检测的实际车速 V_2 为 40 km/h 时，该机动车车速表示值 V_1 在 40~48 km/h 为合格。

引导问题 3：用什么设备检测车速表呢？它是怎么工作的？

检测车速表的设备称为车速表检验台。车速表检验台按有无驱动装置可分标准型与电动机驱动型两种。标准型检验台无驱动装置，它靠被测汽车驱动轮带动滚筒旋转；电动机驱动型检验台由电动机驱动滚筒旋转，再由滚筒带动车轮旋转。此外，还有把车速表检验台与制动检验台或底盘测功机组合在一起的综合式检验台。目前，检测站使用最多的是标准型滚筒式车速表检验台。

1. 标准型车速表检验台

该检验台主要由滚筒、举升器、测量元件、显示仪表及辅助装置等几部分组成，主要结构如图 7-24 所示。

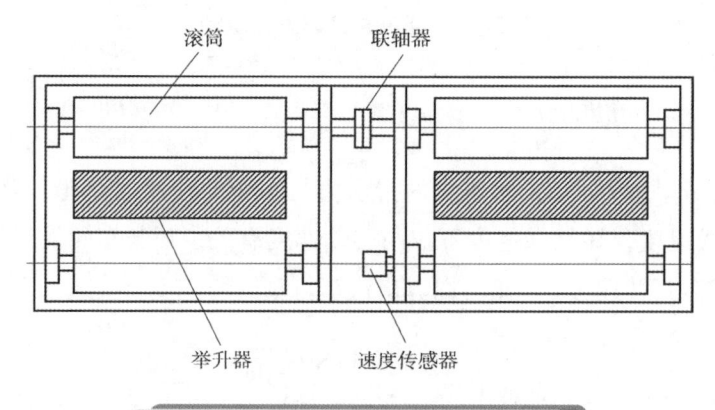

图 7-24 车速表检验台结构示意图

（1）滚筒部分。

检验台左右各有两根滚筒，用于支撑汽车的驱动轮。在测试过程中，为防止汽车的差速器起作用而造成左右驱动轮转速不等，前面的两根滚筒是用联轴器连在一起的。滚筒多为钢制，表面有防滑材料，直径多在175~370 mm，为了标定时换算方便，直径多为176.8 mm，这样滚筒转速为1 200 r/min时，正好对应滚筒表面的线速度为40 km/h。

（2）举升器。

举升器置于前后两根滚筒之间，多为气动装置，也有液压驱动和电动机驱动的。测试时，举升器处于下方，以便滚筒支撑车轮。测试前，举升器处于上方，以便汽车驶上检验台，测试后，靠气压（或液压、电动机）升起举升器，顶起车轮，以便汽车驶离检验台。

（3）测量元件。

测量元件即测量转速的传感器。其作用是测量滚筒的转动速度。通过转速传感器将滚筒的速度转变成电信号（模拟信号或脉冲信号），再送到显示仪表。常用的转速传感器：测速发电机式、光电编码器式和霍尔元件式等。

①测速发电机式。

测速发电机是一种永磁发电机，由于制作精密，它能够产生几乎与转速完全成正比的电压信号（见图7-25，属于模拟信号），将它安装在滚筒一端。当滚筒转动时，测速发电机就可以输出与转速成正比的电压。此信号经放大和A/D转换后送入单片机处理。

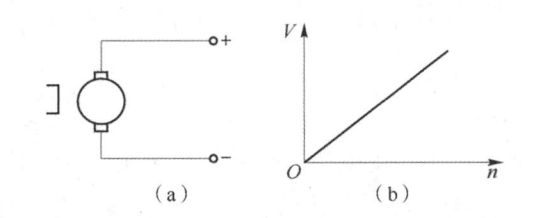

图7-25 直流永磁测速发电机电路图及特征

（a）电路图；（b）特征曲线

②光电编码器式。

光电式速度传感器原理图如图7-26所示。它有一个带孔或带齿的编码盘，安装在滚筒的一端并随滚筒转动。有一对由光源和光接收器组成的光电开关，其中光源一般发出红外光，光接收器多由光敏三极管和放大电路组成，可将收到的光信号变为电信号。光源和光接收器分别置于编码盘的两侧，并彼此对准。当编码盘转动时，光源发出的光线周期性地被遮住，于是光接收器将收到断续的光信号，并转换成一系列的电脉冲（脉冲信号），脉冲频率与滚筒转速成正比。将此脉冲信号经过光电隔离等环节之后，也送入单片机处理。

③霍尔元件式。

霍尔元件式速度传感器原理图如图7-27所示。霍尔元件是利用霍尔效应原理，将带齿的圆盘固定在滚筒一端，并随滚筒一起转动，当圆盘的齿未经过磁导板时，有磁场经过霍尔元件，因而感应霍尔电动势。当圆盘的齿经过磁导板时，磁场被短路，霍尔电动势消失，所以霍尔元件可以产生与速度成正比的脉冲信号。此脉冲信号同样经过一定的隔离处理后，送入单片机。

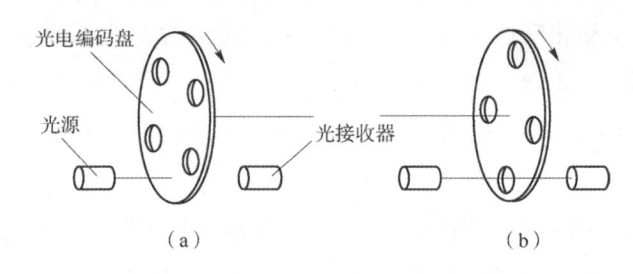

图 7-26　光电式速度传感器原理图

（a）光线被遮住，接收器无信号；（b）光线未被遮住，接收器有信号

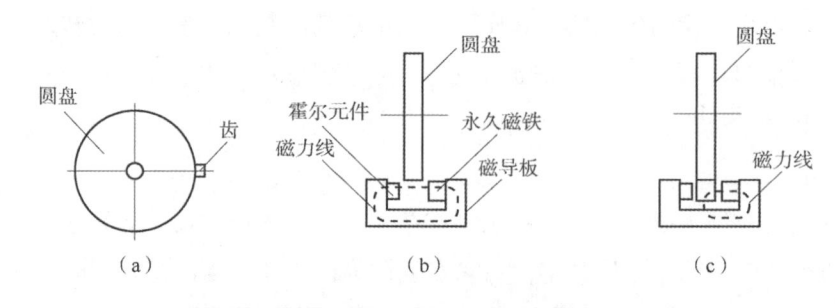

图 7-27　霍尔元件式速度传感器原理图

（a）带齿圆盘形状；（b）圆盘的齿未经过磁导板；（c）圆盘的齿经过磁导板时，磁力线被短路

（4）显示仪表（或显示器）。

目前多用智能型数字显示仪表，也就是一个单片机系统。来自传感器的信号经放大、A/D 转换或经滤波整形后进入单片机处理，再输出显示测量结果。在全自动检测线上也有直接把速度传感器信号接到工位机（或主控机）上进行处理的。

（5）辅助装置。

①安全装置：车速检验台滚筒两侧设有挡轮，以免检测时车轮左右滑移损坏轮胎或设备。

②滚筒抱死装置：汽车测试完毕出车时，如果只依靠举升器，可能造成车轮在前滚筒上打滑。为了防止打滑，增加滚筒抱死装置，与举升器同步，举升器升起的同时，抱死滚筒，举升器下降时放开。

③举升保护装置：车辆在速度检验台上运转时，举升器突然上升会导致严重的安全事故，因而车速检验台设有举升器保护装置（软件或硬件保护），以确保滚筒转速低于设定值后（如 5 km/h）才允许举升器上升。

2. 电动机驱动型车速表检验台

车速表的转速信号多数取自汽车变速器或分动器的输出轴，但对于后置发动机的汽车，由于车速表软轴过长，会出现传动精度和寿命等方面的问题，因此转速信号取自前从动轮。

对这种车辆必须采用电动机驱动型车速表检验台。测试时由电动机驱动滚筒与前从动轮旋转。这种检验台一般在滚筒与电动机之间装有离合器,如图7-28所示。若检验时将离合器分离,那么这种检验台又可作为标准型检验台使用。

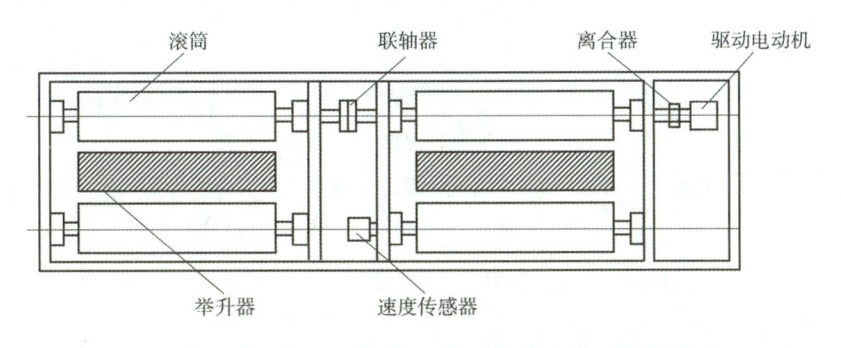

图 7-28 电动机驱动型车速表检验台结构示意图

3. 滚筒式车速表检验台的测试原理

检测时汽车驱动轮置于滚筒上,由发动机经传动系统驱动车轮旋转,车轮借助于摩擦力带动滚筒旋转,旋转的滚筒相当于移动的路面。以驱动轮在该滚筒上旋转来模拟汽车在路面上行驶时的实际状态。通过测试滚筒的线速度来达到测量汽车行驶速度的目的。滚筒的线速度、滚筒直径和转速之间的关系可用下式表达:

$$V = \pi \times D \times n \times 60 \times 10^{-6}$$

式中,V 表示滚筒的线速度(km/h);D 表示滚筒的直径(mm);n 表示滚筒的转速(r/min)。

车轮的线速度与滚筒的线速度相等,则上式的计算值即为汽车真实的车速。该值在检验时由检验台上的速度指示仪表显示。车轮在滚筒上转动的同时,车速表的软轴由汽车变速器或分动器输出轴带动旋转,并在车速表上显示车速值,即车速表示值。将上述检验台速度指示仪表上显示的真实车速值与车速表显示的车速指示值相比较即可求出车速表的误差。

二、实施作业

引导问题 4:实施汽车车速表检测需要哪些工具、设备和材料?

(1)工具:滚筒式车速表检验台、车轮挡块、轮胎气压表、轮胎花纹深度尺;
(2)设备:雪佛兰科鲁兹轿车;
(3)防护用品:翼子板布、前格栅布、车辆防护五件套等。

学习任务 7　检测汽车前照灯和车速表

引导问题 5：该怎样检测汽车车速表呢？

1. 检测前准备工作

（1）检测设备的准备。

①在滚筒处于静止状态时检查指示仪表是否在零点上，不在的话应调零。

②检查滚筒上是否有油、水、泥、沙等杂物，应清除干净。

③检查举升器的升降动作是否自如。若升降动作阻滞或有漏气部位，应予修理（如图7-29所示）。

④检查导线的连接接触情况，若有接触不良或断路，应予修理或更换。

（2）检测车辆的准备。

①确保轮胎气压符合汽车制造厂的规定，以免引起检测误差，如图7-30所示。

图 7-29　车速表检测设备检查　　　图 7-30　测量轮胎气压

②确保轮胎花纹沟槽内无任何杂物如小石子等，以免检测时杂物飞出伤人；轮胎应不沾有水、油等，以免检测时车轮打滑。测量轮胎花纹深度如图7-31所示。

2. 检测流程

（1）接通车速表检验台电源，升起滚筒间的举升器。

（2）将被检车辆与滚筒垂直地驶入车速表检验台，使具有车速表输入信号的车轮停于两滚筒之间。

（3）降下滚筒间的举升器，让轮胎与举升器托板完全脱离，使车轮稳定地支撑在滚筒上，如图7-32所示。

图 7-31　测量轮胎花纹深度　　　图 7-32　举升器脱离驱动轮

（4）用挡块抵住位于车速表检验台滚筒之外的一对车轮的前方，以防检测时汽车驶出检验台发生意外事故，如图 7-33 所示。

（5）启动汽车，缓慢加速，当车速表指示 40 km/h 时，如图 7-34 所示，维持 3~5 s 测取实际车速，按下申报键 B，可从车速表检测仪读取实际车速，如图 7-35 所示。

图 7-33　挡块抵住不被检测的车轮　　　　图 7-34　车速表稳定速度

图 7-35　车速表检测仪上实际车速

（6）检测结束时，对于标准型检验台，减速停车，轻踩制动踏板，使滚筒停止转动。对于驱动型检验台，应先将检验台离合器分离或切断电动机电源，然后再踩制动踏板。

（7）升起举升器，去掉挡块，汽车驶离检验台。

（8）切断检验台电源。

3. 记录检测结果

将测量结果填入表 7-4，结合标准计算并判断前照灯是否满足要求。

表 7-4　测量结果

评价指标	测量数值	是否满足国标要求
车速表车速		□是　　□否
检验台车速		

4. 车速示值误差过大的分析

（1）检查车速表元件。

车速表内有转动的活动盘、转轴、轴承、齿轮、游丝等零件和磁性元件，这些元件在工作过程中产生磨损和性能变化会造成车速表的示值误差，如图 7-36 所示。

(2)检查轮胎磨损情况。

汽车轮胎在使用过程中半径会由于磨损而逐渐减小,在变速器输出轴转速不变的条件下,汽车行驶速度因轮胎半径的变化而变化;而车速表的软轴与变速器输出轴相连,因此车速表指示值与实际车速形成误差,如图7-37所示。

图7-36 检查车速表元件　　　　图7-37 检查轮胎磨损情况

5. 总结评估

请根据自己任务完成的情况,对自己的工作进行自我评估,总结工作中遇到的问题或出现的情况,并提出改进意见。

三、评价反馈

对本学习任务进行评价,填写表7-5。

表 7-5 评分表

考核项目	评分标准	分数	学生自评	小组评价	教师评价	小计
活动参与	是否积极主动	5				
安全生产	有无安全隐患	10				
现场"5S"	是否做到	10				
任务方案	是否合理	15				
操作过程	1. 是否能正确查阅信息,并填写信息; 2. 是否能熟练操作车速表检验台; 3. 是否会读取检验结果,并计算车速表示值误差; 4. 是否能分析出车速表示值误差的原因,并排除故障	30				
任务完成情况	是否圆满完成	5				
工具和设备使用	是否规范实训操作	10				
劳动纪律	是否违反	10				
工单填写	是否完整、规范	5				
总分		100				
教师签名:			年 月 日		得分	

四、学习拓展

当车轮轮胎磨损后,车速表指示的数值将偏快还是偏慢?为什么?请你和小伙伴一起探讨交流。

学习任务 8
检测汽车环保性能

任务8.1　检测汽车排放污染物

学习目标

完成本学习任务后，你应当能：
1. 掌握发动机排放系统的作用和组成，以及氧传感器的工作原理；
2. 掌握废气再循环系统的作用和工作原理；
3. 掌握二次空气喷射系统的作用和工作原理；
4. 掌握汽车排放污染物的形成机理及危害；
5. 掌握我国汽车排放最新标准；
6. 掌握废气分析仪的组成及工作原理；
7. 在指定工位上熟练完成汽油机排放污染物的检测；
8. 根据检测结果，对排放不合格的车辆进行维修调整。

建议完成本学习任务的时间为8个课时。

学习任务描述

某科鲁兹轿车行驶10万km，车辆年审不合格，主要原因是尾气排放不合格。那么，如何解决这一问题？我们首先要进行汽车排放污染物检测。

一、资料收集

引导问题1：发动机排放系统的作用是什么？由哪些部件组成？

1. 作用

发动机排放控制系统的主要作用是将在发动机压缩行程中窜入曲轴箱的燃油蒸气和燃油箱中蒸发的燃油蒸气引入到发动机气缸参入燃烧，同时将从排气管排出的有害物质转化成对人体无害的物质。

2. 组成

发动机排放控制系统主要由曲轴箱通风管、活性炭罐、炭罐电磁阀、排气歧管、前氧传感器、三元催化器、后氧传感器、消声器等组成。发动机排气控制系统的组成如图8-1所示。

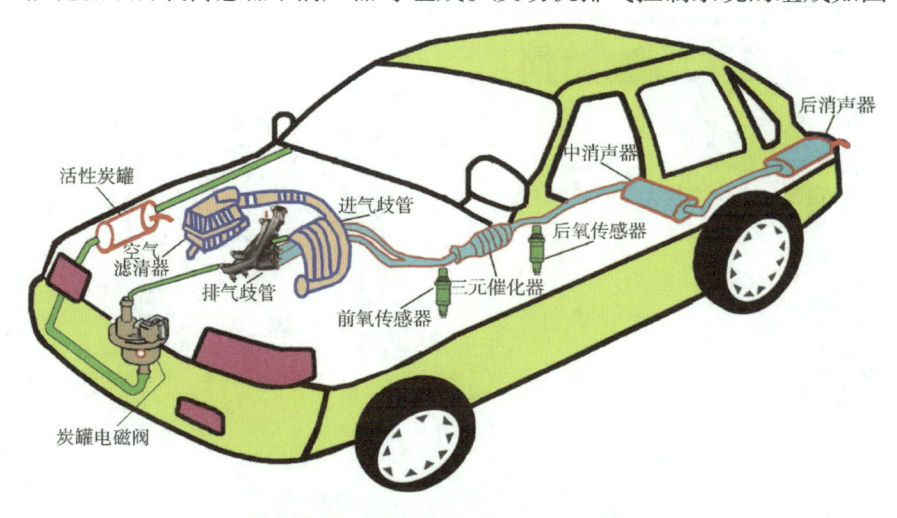

图 8-1 发动机排气控制系统的组成

3. 曲轴箱通风系统装置

在发动机工作时，会有部分可燃混合气和燃烧产物经活塞环由气缸壁之间的间隙窜入曲轴箱。这些物质如不及时清除，将加速机油变质，造成机油润滑性能下降，腐蚀活塞、活塞环、气门、轴承以及发动机内部的其他零部件并加速它们的磨损。

窜入曲轴箱的气体中含有HC及其他污染物，所以不允许把这些气体排放到大气中。现代汽车发动机上都装备有曲轴箱强制通风（又称PCV）系统，将窜入曲轴箱的这些气体通过进气歧管引入到发动机气缸中燃烧，如图8-2所示。

现在轿车发动机常将PCV阀装在气缸盖罩上，进行曲轴箱通风，如图8-3（a）所示。但曲轴箱通风系统如果把机油带到燃烧室，会使机油消耗增加，同时造成发动机积炭等不良现象。

现代发动机的曲轴箱通风系统中，在PCV阀前采取了一些使油气分离的措施，尽量减小随曲轴箱通风而消耗的机油，如在气缸盖罩上设计了一定的迷宫式结构，使随曲轴箱通风的机油小液滴在经过这些迷宫时，沉淀滞留在气缸盖罩下的凸轮室中，然后回流到发动机油底壳中，如图8-3（b）所示。

（1）当发动机不工作时，PCV阀中的弹簧将滑阀压在阀座上，关闭了曲轴箱与进气歧管的通路；

（2）当发动机怠速或低转速时，进气管真空度很大，真空度克服弹簧力把滑阀吸向上端，使滑阀与阀体中有很小的缝隙，只允许少量曲轴箱废气进入进气歧管；

（3）当发动机节气门部分开度时，由于进气歧管真空度比怠速时小，因此在弹簧的作用下，滑阀与阀体间的缝隙增大，使几乎所有曲轴箱的废气被吸入进气歧管；当加速或大负荷时，随着节气门的开度的加大，进气歧管的真空度进一步减小，弹簧将滑阀进一步向下推移，使 PCV 阀的开度更大（全开）。

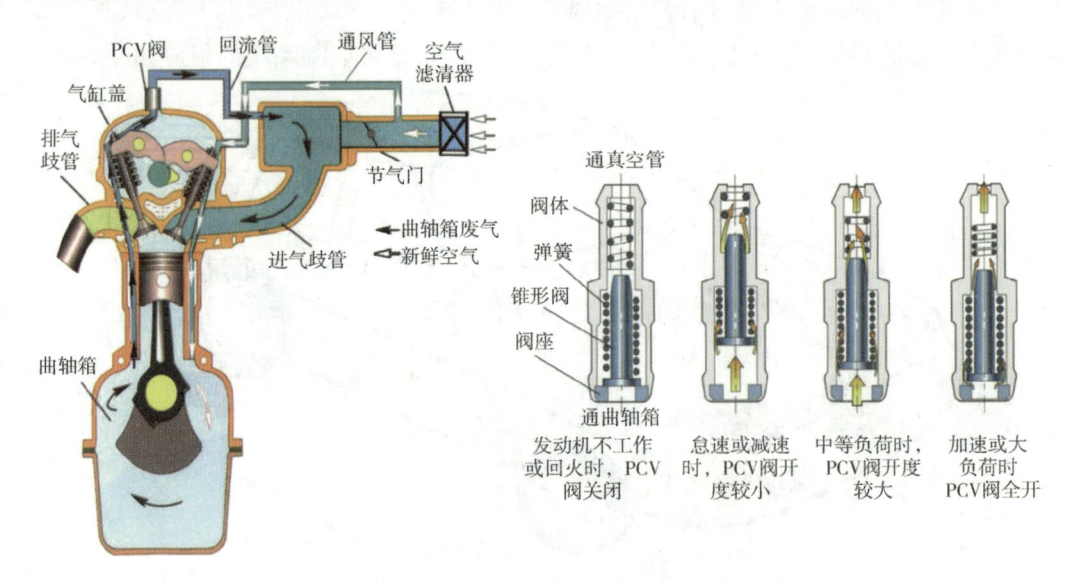

图 8-2 发动机曲轴箱通风系统的工作原理

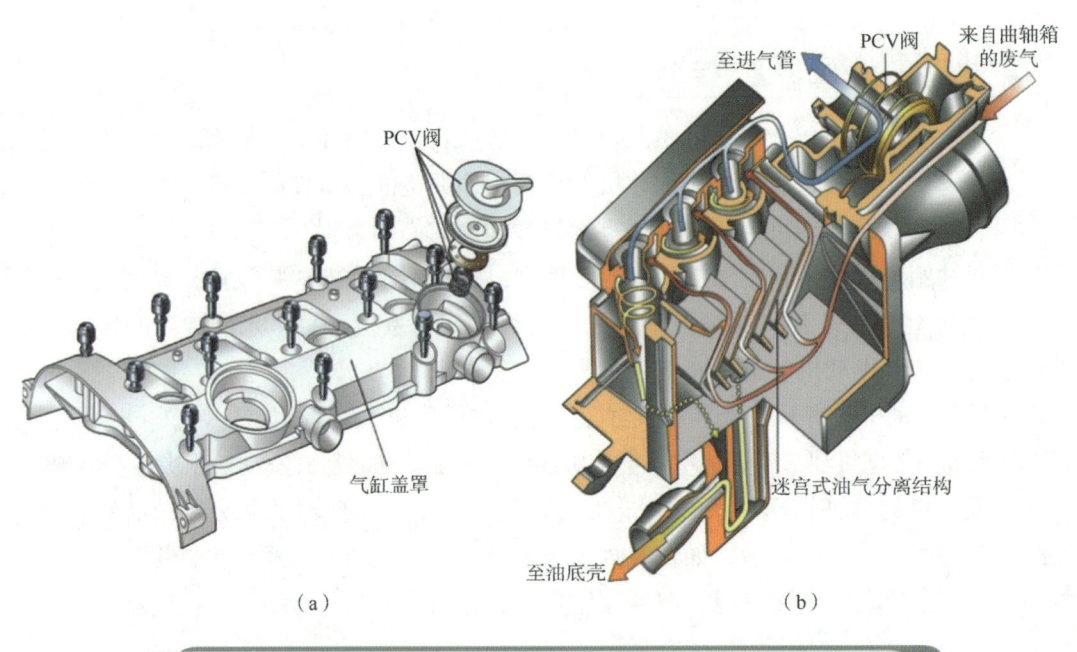

图 8-3 曲轴箱通风系统 PCV 阀的位置和迷宫式油气分离装置
（a）装在气缸盖罩上的 PCV 阀；（b）迷宫式油气分离装置

4. 活性炭罐和炭罐电磁阀

活性炭罐的结构与外形如图 8-4 所示，它的作用是吸附燃油箱中蒸发的燃油分子。炭罐电磁阀的外形如图 8-5 所示，它的作用是控制活性炭罐中的燃油分子进入发动机进气歧管。

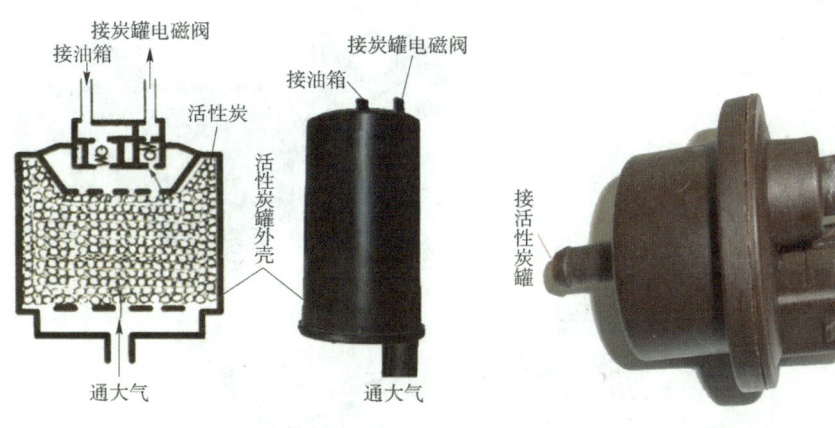

图 8-4 活性炭罐的结构与外形　　图 8-5 炭罐电磁阀的外形

5. 燃油蒸发控制系统的原理

燃油蒸发控制系统如图 8-6 所示，当燃油箱内的汽油蒸气压力大于外界环境大气压力时，汽油蒸气经燃油箱顶部的蒸气管进入活性炭罐。活性炭罐内充满了活性炭粒，汽油蒸气中的汽油分子被吸附在活性炭的表面，剩下的空气经活性炭罐的下出气口排入大气。活性炭罐的上出气口通过真空软管与发动机进气歧管相连，在软管的中部设有炭罐电磁阀（该阀为常闭阀）控制管路的通断。

发动机运转时，发动机 ECU 就可控制炭罐电磁阀开启，则在进气管真空吸力的作用下，外界空气从活性炭罐的底部进入经过活性炭至上出气口，再经真空软管进入发动机进气歧管。流动的空气使吸附在活性炭表面的汽油分子又重新蒸发，随新鲜空气一起被吸入发动机气缸燃烧，一方面使汽油得到充分利用；另一方面也恢复了活性炭的吸附能力。

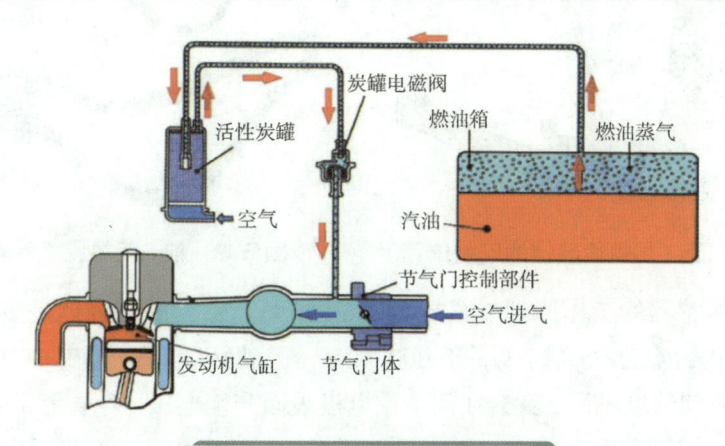

图 8-6 燃油蒸发控制系统

6. 发动机的排气管

某轿车的排气系统如图 8-7 所示，其中排气歧管的作用是把发动机各缸的废气输送到排气管中。

学习任务 8　检测汽车环保性能

图 8-7　某轿车的排气系统

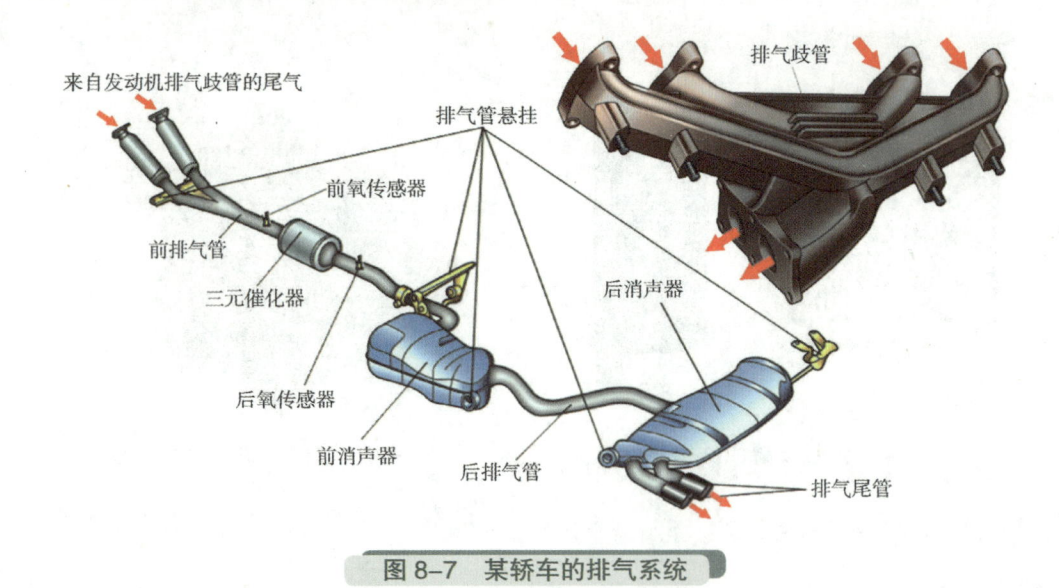

7. 前氧传感器和后氧传感器

前氧传感器和后氧传感器分别装在排气管三元催化器的前端和后端，如图 8-8 所示，它们的外形如图 8-9 所示。

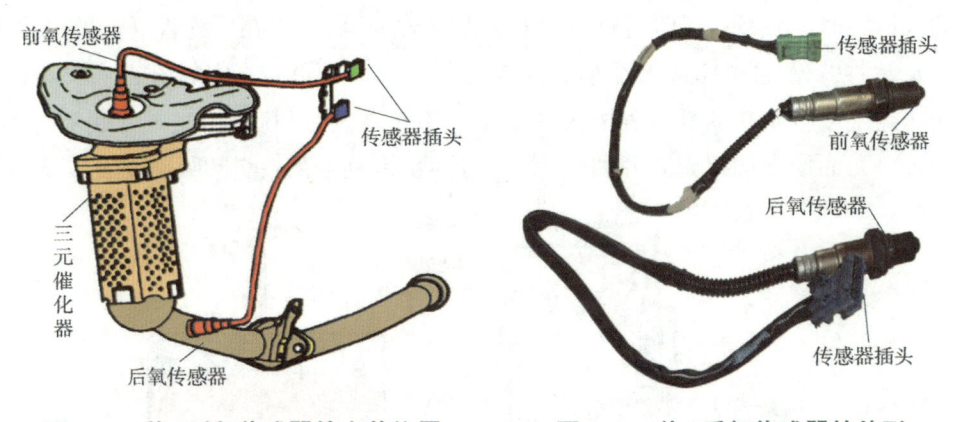

图 8-8　前/后氧传感器的安装位置　　　图 8-9　前/后氧传感器的外形

氧化锆式氧传感器的工作原理如图 8-10（a）所示，锆管的陶瓷体是多孔的，允许氧渗入该固体电解质内，温度较高时（高于 300 ℃），氧气发生电离，如果在陶瓷体内（大气）外（废气）侧的氧气浓度不同，就会在两个铂电极表面产生电压，含氧量高的一侧为高电位。

当混合气稀时，排气中含氧多，两个铂电极表面产生的电压低；当混合气浓时，排气中含氧少，两个铂电极表面产生的电压高。信号电压的范围为 0.1~0.9 V，如果发动机 ECU 收到小于 0.45 V 的信号电压，则说明混合气稀；如果发动机 ECU 收到大于 0.45 V 的信号电压，则说明混合气浓。如图 8-10（b）所示。

氧传感器的电压输出特性如图 8-11（b）所示，氧传感器的工作温度在 300 ℃ 以上，为使其尽快达到工作温度，在前氧和后氧传感器插头的 1 与 2 脚之间都装备了加热电阻。前氧传感器的信号主要用于发动机 ECU 修正喷油量，将空燃比控制在理论空燃比附近，因为把空燃比控制在理论空燃比附近时，不但可以降低发动机燃油的消耗，而且可使三元催化器的转换效率最高，如图 8-11（a）所示。

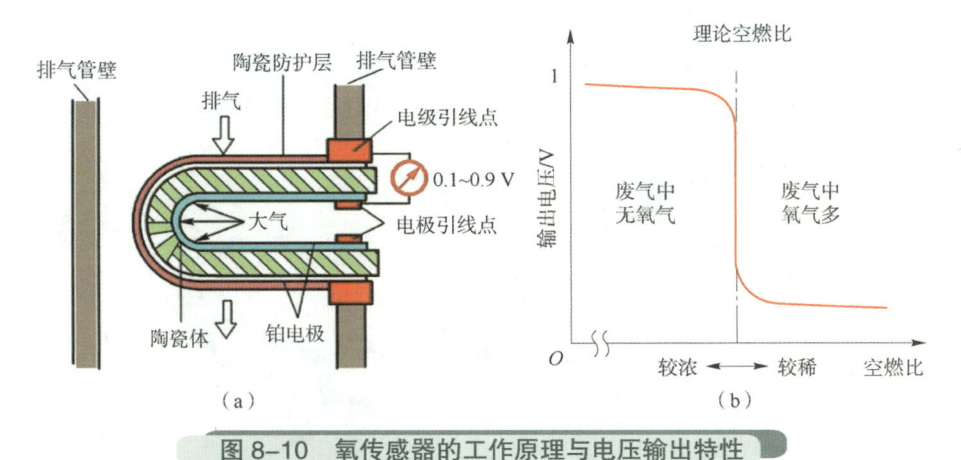

图 8-10 氧传感器的工作原理与电压输出特性

（a）氧化锆式氧传感器的工作原理；（b）氧传感器的电压输出特性

后氧传感器的作用是监测三元催化器的转化效率，当后氧传感器二电极检测的电压值为 0.6 V 左右，波形近似为一条直线时，说明三元催化器工作正常，如图 8-11（b）所示。

当后氧传感器与前氧传感器的波形相同时，说明三元催化器失效（见图 8-11（c）），此时应更换三元催化器。前氧传感器电路有故障将造成发动机转速不稳定，后氧传感器电路有故障将造成抗污染故障。

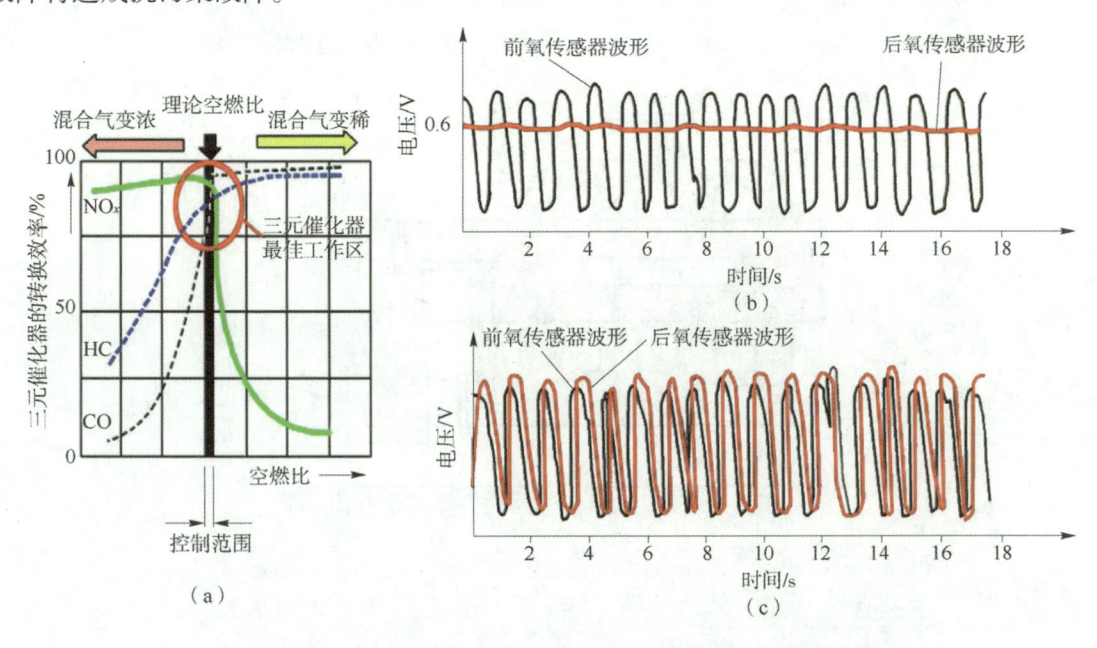

图 8-11 三元催化器的工作特性和前/后氧传感器的波形

（a）三元催化器的工作特性；（b）三元催化器正常工作时前/后氧传感器的波形；
（c）三元催化器失效时前/后氧传感器的波形

学习任务 8　检测汽车环保性能

8. 消声器

轿车一般有中部和后部两个消声器，如图 8-12 所示，消声器的主要作用是降低和消除发动机的排气噪声。

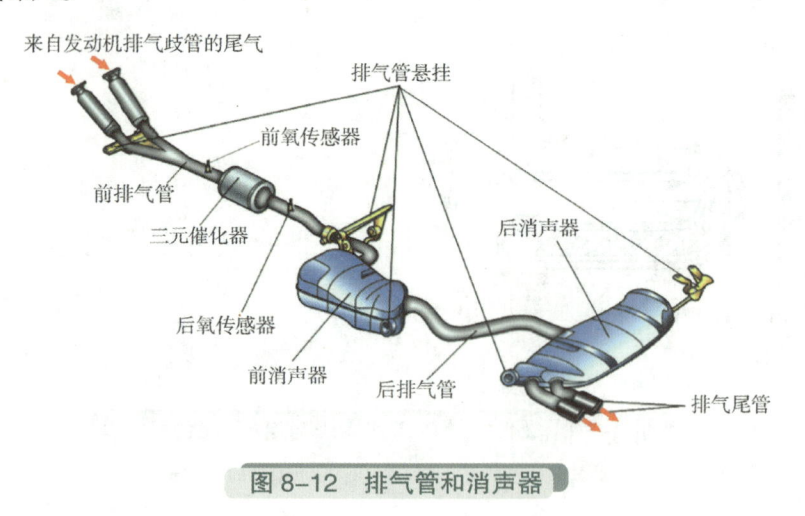

图 8-12　排气管和消声器

引导问题 2：废气再循环的作用是什么？它是怎么工作的？

1. 废气再循环的作用

发动机废气再循环就是将发动机排出的一部分废气引入进气管，通过降低发动机的燃烧温度来降低氮氧化合物的排放。发动机废气再循环系统示意图如图 8-13 所示。

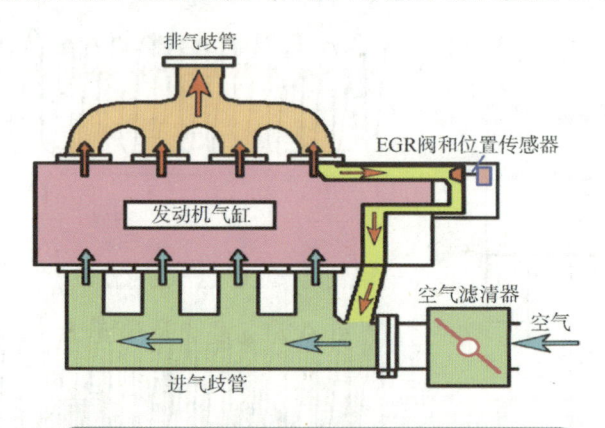

图 8-13　发动机废气再循环系统示意图

2. 废气再循环的工作原理

在发动机工作时，发动机 ECU 根据发动机转速、空气流量、进气管压力、冷却液温度、EGR 阀的位置等信号，控制 EGR 阀电磁线圈的通电时间的长短，来控制进入发动机进气歧管内的废气量。根据发动机结构的不同，进入进气歧管的废气量一般为 5%~20%，如图 8-14 所示。

178

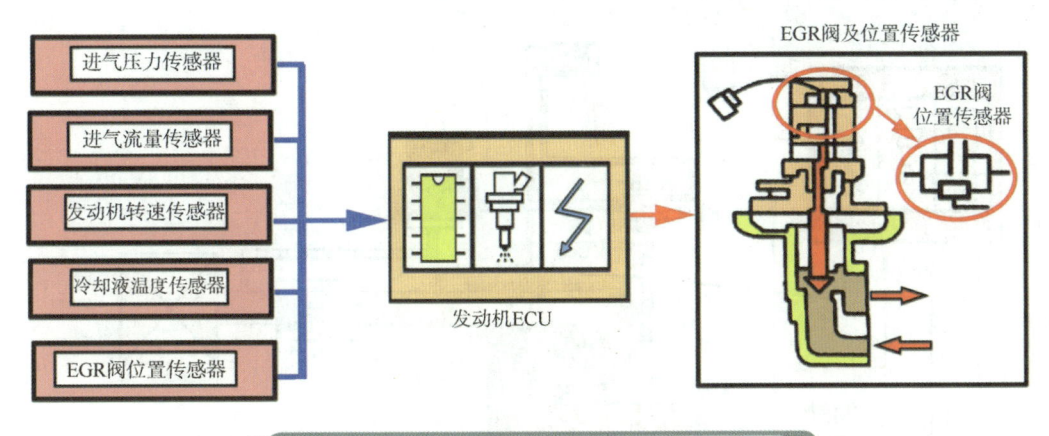

图 8-14　发动机 ECU 对 EGR 阀的控制

引导问题 3：发动机二次空气喷射的作用是什么？它是怎么工作的？

1. 发动机二次空气喷射的作用

为了降低排放，有些轿车发动机在一定工况（如怠速工况）下，利用二次空气泵将新鲜空气送入排气管，如图 8-15 所示，促使废气中的 CO 和 HC 进一步氧化，从而降低 CO 和 HC 的排放量，同时加快三元催化器的升温，使三元催化器尽快进入工作状态。

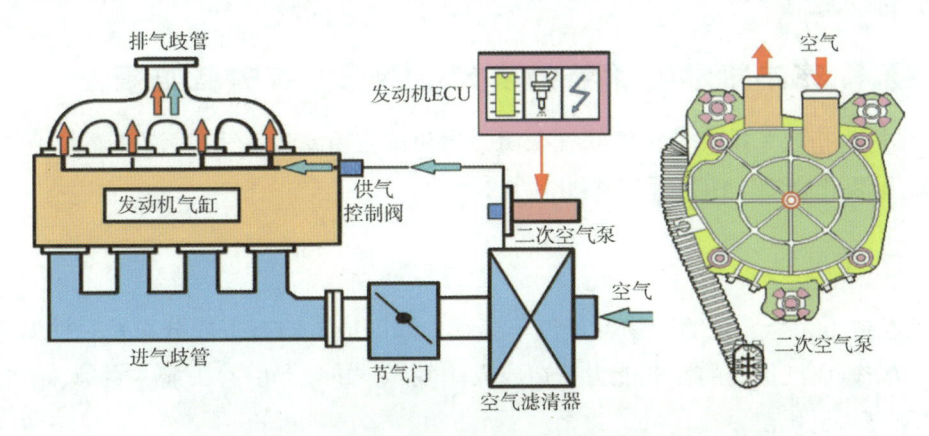

图 8-15　发动机 ECU 控制的二次空气喷射系统

2. 发动机二次空气喷射的原理

发动机起动后，二次空气泵把空气滤清器来的空气，经过开启的供气控制阀，泵送到排气歧管内。二次空气泵输送到排气歧管的新鲜空气促使废气中的 CO 和 HC 进一步氧化，从而降低 CO 和 HC 的排放量，同时使在发动机气缸内未充分燃烧的 HC 在排气管内进一步燃烧，加快三元催化器的升温，使三元催化器尽快达到工作温度后，处理 CO、NO_x、HC 三种有害物质，减少汽车排放的工作，如图 8-16 所示。

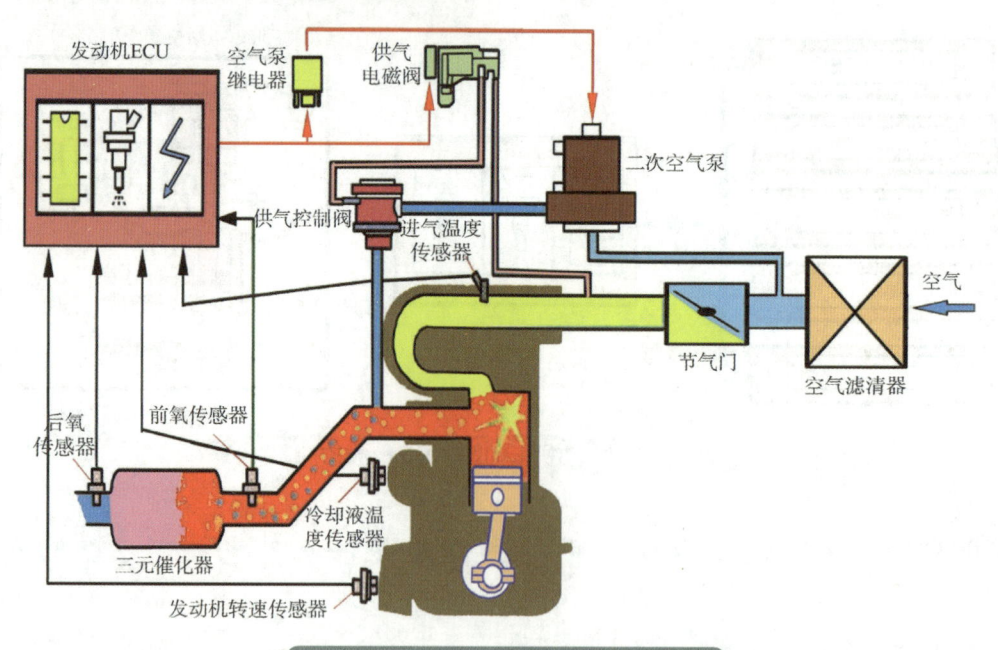

图 8-16 二次空气喷射系统的原理

发动机 ECU 通过后氧传感器，检测到三元催化器进入工作状态后，立即切断空气泵继电器和供气电磁阀的工作，二次空气泵停止工作，同时供气控制阀关闭，防止发动机排气歧管的废气倒流入进气歧管一侧。

引导问题 4：汽车排放污染物的成分有哪些？有哪些危害？

汽车排放物指汽车排气管排放的气态污染物和颗粒物总和。气态污染物主要包括一氧化碳（CO）、碳氢化合物（HC）和氮氧化物（NO_x）。

1. CO 危害

CO 是燃料不完全燃烧的产物，是汽车尾气中浓度最大的有害成分，是一种无色无味的有毒气体，妨碍血红蛋白的输氧能力，造成人体各部分缺氧，引起头痛、头晕、呕吐等中毒症状，严重时甚至死亡。

2. HC 危害

HC 是发动机未燃尽的燃料分解出来的产物。当 HC 浓度较高时，使人出现头晕、恶心等中毒症状。它能刺激眼结膜，能引起急性喘息症。光化学烟雾还具有损害植物、损害橡胶制品等危害。

3. NO_x 危害

NO_x 是汽油机和柴油机排放的主要污染物，是发动机大负荷工作时进气中的 N_2 与 O_2 在高温高压条件下反应而生成的。NO_x 进入人体肺泡后能形成亚硝酸和硝酸，对肺组织产生强力的刺激作用。亚硝酸盐则能与人体中的血红蛋白结合，形成变性血红蛋白，可在一定程度上导致缺氧。

4. 碳烟颗粒危害

碳烟以柴油机排放量为最多，它是柴油机燃烧不完全的产物，其内含有大量的黑色碳颗粒。碳烟能影响道路的能见度，并因含有少量的带有特殊臭味的乙醛，常引起恶心和头晕。

引导问题5：我国汽车排放的国家标准是什么？

1. 我国机动车排放标准的实施状况

我国机动车排放标准经历了五个阶段，轻型汽车各个时段排放标准情况如图8-17所示；从2020年7月1日起，所有销售和登记注册的轻型汽车应符合法规文件为GB 18352.6—2016《轻型汽车污染物排放限值及测量方法》的标准要求。但在2025年7月1日前，第五阶段轻型汽车的"在用符合性检查"仍执行GB 18352.5—2013《轻型汽车污染物排放限值及测量方法》的相关要求。

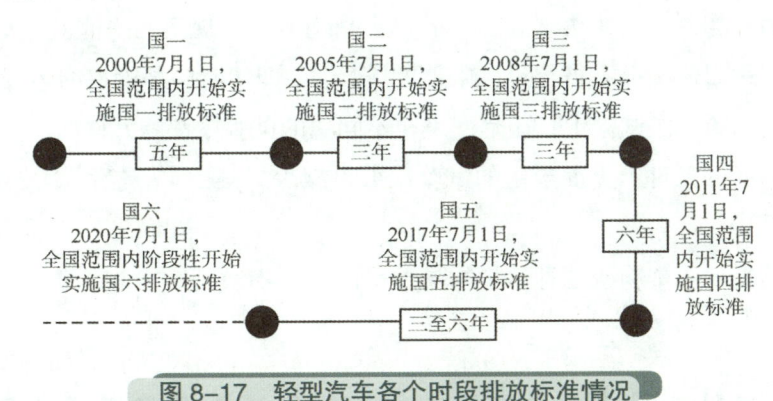

图8-17 轻型汽车各个时段排放标准情况

2. 国五排放限值标准

（1）国五排放标准使用范围。

国五排放标准即GB 18352.5—2013《轻型汽车污染物排放限值及测量方法》。该标准主要适应的车辆类型：最大总质量不超过3 500 kg的M1类、M2类和N1类轻型汽车。

根据GB/T 15089—2016《机动车辆及挂车分类》，对M1类、M2类、N1类和N2类汽车进行规定。

M1类车指包括驾驶员座位在内，座位数不超过九座的载客汽车。

M2类车指包括驾驶员座位在内座位数超过九座，且最大设计质量不超过5 000 kg的载客汽车。

N1类车指最大设计质量不超过3 500 kg的载货汽车。

N2类车指最大设计质量超过3 500 kg，但不超过12 000 kg的载货汽车。

（2）型式核准试验项目。

GB 18352.5—2013《轻型汽车污染物排放限值及测量方法》规定了对排放污染物检测的六种试验方法：Ⅰ型试验，Ⅱ型试验，Ⅲ型试验，Ⅳ型试验，Ⅴ型试验，Ⅵ型试验。

Ⅰ型试验：常温下冷起动后排气污染物排放试验；

Ⅱ型试验：对装点燃式发动机的轻型汽车指测定双怠速的CO、HC和高怠速的过量空气系数；

Ⅲ型试验：指曲轴箱污染物排放试验；

Ⅳ型试验：指蒸发污染物排放试验；

Ⅴ型试验：指污染控制装置耐久性试验；

Ⅵ型试验：指低温下冷起动后排气中CO、HC排放试验。

（3）不同类型汽车在型式核准时要求进行的试验项目不同。

不同类型汽车在型式核准时要求进行的试验项目不同，如表8-1所示。

（4）检验结果鉴定。

对于每种污染物，只要3次试验结果的算术平均值小于规定的限值，3次试验结果中允许有一次的值超过限值，但不得超过该限值的1.1倍。即使有一种以上的污染物超过规定限值，不管是发生在同一次试验中，还是发生在不同次的试验中都是允许的。

如果符合下面的条件，上面规定的试验次数可减少。其中V_1是第一次试验结果，V_2是第二次试验结果。

如果得到的每种污染物或两种污染物排放量的和，不大于0.70 L（即$V_1<0.70$ L），则只进行一次试验。

引导问题6：用什么设备检测汽车排放污染物呢？它又是怎么工作的呢？

目前，检测汽车排放污染物使用最多的设备是不分光红外线分析仪（简称NDIR），如图8-18所示。不分光红外线分析仪检测原理：汽车排放物中的CO、HC、NO_x和CO_2等气体，都分别具有能吸收一定波长范围红外线的性质，如图8-19所示。根据检测HC、CO、NO_x和CO_2等有害气体对不同频率的红外光有不同的吸收率的特点来测出汽油机怠速工况所排出废气中上述三种有害气体的浓度。且在各种气体混在一起的情况下，这种检测方法具有测量值不受影响的特点。

表 8-1 不同类型汽车在型式核准时要求进行的试验项目

项目		基准质量 (RM) /kg	限 值											
			CO L_1/(g·km^{-1})		THC L_2/(g·km^{-1})		NMHC L_3/(g·km^{-1})		NO$_x$ L_4/(g·km^{-1})		THC+NO$_x$ L_2+L_4/(g·km^{-1})		PM L_5/(g·km^{-1})		PN L_6/(个·km^{-1})
类别	级别		PI	CI	PI	CI	PI	CI	PI	CI	PI	CI	PI[1]	CI	PI	CI
第一类车	—	全部	1.00	0.50	0.100	—	0.068	—	0.060	0.180	—	0.230	0.004 5	0.004 5	—	6.0×10^{11}
第二类车	Ⅰ	RM<1 305	1.00	0.50	0.100	—	0.068	—	0.060	0.180	—	0.230	0.004 5	0.004 5	—	6.0×10^{11}
	Ⅱ	1 305<RM<1 760	1.81	0.63	0.130	—	0.090	—	0.075	0.235	—	0.295	0.004 5	0.004 5	—	6.0×10^{11}
	Ⅲ	1 760<RM	2.27	0.74	0.160	—	0.108	—	0.082	0.280	—	0.350	0.004 5	0.004 5	—	6.0×10^{11}

注: (1) PI=点燃式;
(2) CI=压燃式; [1] 仅适用于装缸内直喷发动机的汽车, $L=L_1+L_2+L_3+L_4+L_5$;
(3) THC: total hydrocarbons 的简称, 总烃, 指排放的气体中含有碳氢化合物的总量;
(4) NMHC: 按现行国家环境保护标准 (HJ604—2017), 非甲烷总烃 (NMHC) 定义为从总烃测定结果中扣除甲烷后剩余值; 而总烃是指在规定条件下在气相色谱氢火焰离子化检测器上产生相应的气态有机物总和

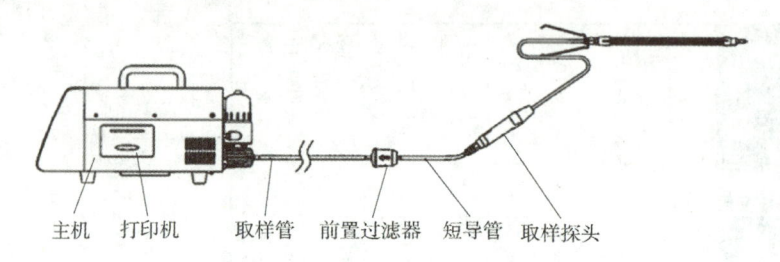

图 8-18 不分光红外线分析仪结构

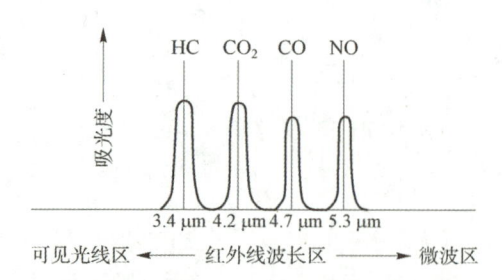

图 8-19 不同排放污染物的波长

不分光红外线分析仪是从汽车排气管内收集汽车的尾气,并对气体中所含有的 CO 和 HC 的浓度进行连续测定。它主要由尾气采集部分和尾气分析部分构成。

1. 尾气采集部分

尾气采集部分如图 8-20 所示,由探头、过滤器、导管、水分离器和泵等构成。用探头、导管、泵从排气管采集尾气。排气中的粉尘和碳粒用过滤器滤除,水分用水分离器分离出去。最后将气体成分输送到分析部分。

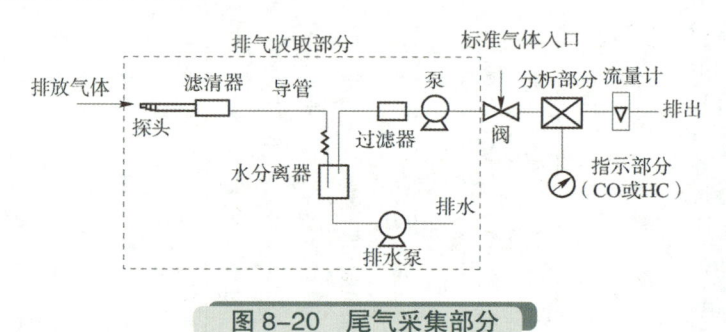

图 8-20 尾气采集部分

2. 尾气分析部分

分析仪的测量原理是建立在一种气体只能吸收其独特波长的红外线特性基础上的。即是基于大多数非对称分子对红外线波段中一定波长具有吸收功能,而且其吸收程度与被测气体的浓度有关。如图 8-19 所示,CO 能够吸收 4.55 μm 波长的红外线,HC 能吸收 2.3 μm、3.4 μm、7.6 μm 波长的红外线。

该分析仪由红外线光源、测量室（测定室、比较室）、回转扇片和检测器构成。从采集部分输送来的多种气体共存在尾气中，通过非分散型红外线分析部分分析测定气体（CO、HC）的浓度，用电信号将其输送到浓度指示部分。工作原理如图 8-21 所示。它由两个红外线光源发出两组分开的射线，这些射线被两旋转扇片同相地遮断，从而形成射线脉冲，射线脉冲经滤清室、测量室而进入检测室，测量室由两个腔室组成：一个是比较室，另一个是测定室。比较室中充有不吸收红外线的氮气，使射线能顺利通过。测定室中连续填充被测试的尾气，尾气中 CO 含量越高，被吸收的红外线就越多。检测室由容积相等的左右两个腔室组成，其间用一金属膜片隔开，两室中充有同摩尔数的 CO。由于射到检测室左室的红外线在通过测定室时一部分射线已被排气中的 CO 吸收，而通过比较室到达检测室右室的红外线并未减少，因此检测室左、右两室吸收的红外线能量不同，从而产生了温差，温差导致了压力差的存在，使作为电容器一个表面的金属膜片弯曲。弯曲振动的频率与旋转扇片的旋转频率相符。排气中的 CO 浓度越大，振幅就越大。膜片振动使电容改变，电容的改变引起电压的变化，从而产生交变电压。交变电压经放大，整流成直流信号，变为被测成分浓度的函数，因此可用仪表测量。而 HC 由于受到其他共存气体的影响，因此使用固体滤光片，巧妙地利用了正己烷红外线吸收光谱。因此，样品室内共存的 CO、CO_2、NO_x 等 HC 以外的气体所产生的红外线被吸收，再经检测室窗口的选择和除去，仅让具有 HC 的 3.5 μm 附近的波长到达检测室内。HC 被封入检测器，样品室中的 HC 吸收量也就被检测器检测出来。

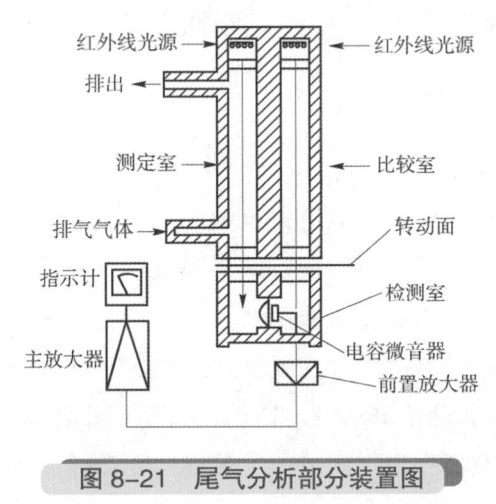

图 8-21 尾气分析部分装置图

引导问题 7：用什么方法检测汽车排放污染物呢？

汽油车常用的尾气检测方法主要有单怠速工况法、双怠速工况法、加速模拟工况法和简易瞬态工况法。

1. 单怠速工况法

（1）发动机由怠速工况加速至 0.7 倍的额定转速，维持 60 s 后降至怠速状态。

（2）把指示仪表的读数转换开关置于最高量程挡位。

（3）将取样探头插入汽车排气管中，深度为 400 mm，并固定在排气管上。

（4）一边观看指示仪表，一边用读数转换开关选择适用于所测废气浓度的量程挡位。发动机在怠速状态维持 15 s 后开始读数，读取 30 s 内的最高值和最低值，取其平均值为测量结果。若为多排气管，则取各排气管测量结果的均值。

（5）检测结束后，把取样探头从排气管里取出，吸入新鲜空气 5 min，自动回零后再断电。

2. 双怠速工况法

（1）接入发动机转速信号、水温信号。

（2）发动机由怠速加速到 0.7 额定转速维持 60 s 后，降至高怠速（即 0.5 倍额定转速）。

（3）在高怠速状态维持 15 s，开始采样，读取 30 s 内的最高值和最低值，取平均值。

（4）从高怠速降至低怠速，维持 15 s 后读取 30 s 内的最高值和最低值，取平均值。

3. 加速模拟工况法（ASM）

上述两种方法检测时发动机没有负载，不能反映汽车实际运行的排放特性。加速模拟工况法（ASM）就是将车辆置于底盘测功机上，进行模拟加载加速过程，检测排放污染的方法。加速模拟工况法所测工况涵盖了汽车的中速、高速、有负荷的稳定工况及低速加速和高速加速的非稳定工况，十分贴近汽车的实际运行状态。

4. 简易瞬态工况法

简易瞬态工况法可以准确模拟车辆道路行驶的各种实际情况，具有较高的识别率，并且能够测量出汽车排放污染物的质量，很好地反映汽车排放的实际情况，与瞬态工况法相比，其检测效率较高，检测费用和设备费用都较低，适合我国实际国情，有利于在我国汽车检测中全面推广使用。简易瞬态工况法就是将车辆置于底盘测功机上，车辆按规定车速在底盘测功机上"行驶"，驱动轮带动滚筒转动，滚筒并非处于自身无阻力的可旋转状态，底盘测功机会按照检测标准事先设定向滚筒，最终向驱动轮施加一定的负荷，来模拟汽车道路行驶阻力，车辆按一定的速度，克服一定的阻力，跑完试验工况，同时测量尾气中污染物含量。

二、实施作业

引导问题 8：实施汽车排放污染物检测需要哪些工具、设备和材料？

（1）工具：不分光红外线分析仪；

（2）设备：雪佛兰科鲁兹轿车；
（3）防护用品：翼子板布、前格栅布、车辆防护五件套等。

引导问题 9：该怎样检测汽车排放污染物呢？

1. 检测前准备工作

（1）检测设备的准备。
①按使用说明书的要求对仪器进行各项检查工作。
②检查滤芯、滤纸、排水滤芯的清洁，如有必要进行更换。
③用标准气样进行仪器校准。
④安装取样探头和导管。
⑤接通电源，对分析仪预热 30 min 以上。

（2）检测车辆的准备。
①进气系统应装有空气滤清器，排气系统应装有排气消声器，并不得有泄漏。
②发动机冷却水温达到 85 ℃，润滑油温度达到规定的热状态。
③按汽车使用说明书规定的调整法，调整好怠速和点火正时。

2. 检测流程

（1）起动发动机，并加速至额定转速的 70% 左右，怠速预热至 85 ℃。

（2）将废气分析仪的电源开关、气泵开关打开，设定发动机的最高转速值，测量方法设为双怠速，相关测量参数根据具体情况调整。

（3）将废气分析仪的转速测量夹头夹在发动机第一缸点火高压线上，注意夹头所示方向要指向火花塞。

（4）将废气分析仪的温度测量测头插入发动机机油标尺孔。

（5）发动机转速降至额定怠速转速，将废气采样管插入排气管，深度不小于 400 mm。根据废气分析仪显示屏的提示，发动机在怠速状态维持 15 s 后开始读数，读取 30 s 内的最高值和最低值，取其平均值为测量结果。若为多排气管，则取各排气管测量结果的算术平均值。

（6）改变发动机转速至高怠速转速（为发动机最高转速值的 40%），将废气采样管插入排气管，深度不小于 400 mm。根据废气分析仪显示屏的提示，保持相应的时间，发动机在高怠速状态维持 15 s 后开始读数，读取 30 s 内的最高值和最低值，取其平均值为测量结果。若为多排气管，则取各排气管测量结果的算术平均值。

（7）取样结束后，把取样探头从排气管中取出来，让它吸入新鲜空气 5 min，待仪器指针回到零点位后关掉电源。

3. 检测结果记录及判定

评价指标	数值记录（低怠速）	数值记录（高怠速）	判断结果
CO 含量	最大值： 最小值：	最大值： 最小值：	□合格　□不合格
CO 平均值			
HC 含量	最大值： 最小值：	最大值： 最小值：	□合格　□不合格
HC 平均值			

4. 排放超标分析及调整

（1）混合气过浓。

混合气过浓意味着空气量不足，燃烧不完全，废气中 CO 的含量必然增高，需检查空气滤清器滤芯是否被灰尘堵塞影响发动机吸气；还要检查电动燃油泵供油压力、喷油器的喷油量、燃油压力调节器是否损坏等。

（2）点火时刻失准。

汽油发动机点火过迟，会使混合气燃烧不彻底，致使废气中 CO、HC 含量增加。因此，要按规定正确调整点火提前角，并检查怠速时真空点火提前角调节装置是否起作用，真空点火提前角调节装置膜片是否损坏等。

（3）冷却系统温度过低。

温度过低会使燃油不能充分雾化燃烧，可使废气 CO、HC 含量增加。检查节温器工作是否失常、散热器容量是否过大、百叶窗是否能正常关闭等。

（4）曲柄连杆机构磨损严重。

气缸、活塞、活塞环等磨损严重，漏气增加，压缩终了时，气缸内压力不足，混合气不能充分燃烧，也会造成废气中 CO、HC 增加。为此，需要适时测量气缸压力，以便确定气缸及活塞组件的技术状况。

5. 总结评估

请根据自己任务完成的情况，对自己的工作进行自我评估，总结工作中遇到的问题或出现的情况，并提出改进意见。

三、评价反馈

对本学习任务进行评价，填写表 8-2。

表 8-2 评分表

考核项目	评分标准	分数	学生自评	小组评价	教师评价	小计
活动参与	是否积极主动	5				
安全生产	有无安全隐患	10				
现场"5S"	是否做到	10				
任务方案	是否合理	15				
操作过程	1. 是否能正确查阅到信息，并填写信息； 2. 是否能熟练完成汽油机排放污染物的检测； 3. 是否能根据检测结果，对排放不合格的车辆进行维修调整	30				
任务完成情况	是否圆满完成	5				
工具和设备使用	是否规范地使用设备和工具	10				
劳动纪律	是否违反	10				
工单填写	是否完整、规范	5				
总分		100				
教师签名：			年　月　日		得分	

四、学习拓展

对于柴油机的车辆,主要检测哪些排放污染物?应该怎么检测?请你查阅资料和小伙伴一起交流探讨。

_____
_____
_____
_____
_____
_____
_____
_____
_____
_____

任务8.2　检测汽车噪声

学习目标

完成本学习任务后,你应当能:
1. 掌握汽车噪声产生的原因及危害,汽车噪声的评价指标及国家标准;
2. 掌握声级计的结构及工作原理,并能熟练检测汽车各部位噪声;
3. 在指定工位上熟练完成喇叭噪声检测,读取检测结果;
4. 根据检测结果确定喇叭噪声是否合格,并能对喇叭进行维修调整或更换。
建议完成本学习任务的时间为6个课时。

学习任务描述

汽车噪声过大，易造成人体的生理改变和损伤，而且能对人造成心理、生活和工作的不利影响。随着我国车辆保有量的快速增加，汽车噪声控制早已纳入了交通环境保护的范畴。在用车辆的年检及新制造车辆审定，都需要进行噪声检测，尤其是汽车喇叭噪声检测。

一、资料收集

引导问题1：汽车噪声是怎样形成的？有哪些类型？

1. 根据汽车噪声对环境的影响划分

（1）车外噪声。

车外噪声是指汽车各部分噪声辐射到车外空间的那部分噪声，其噪声源主要包括发动机噪声、排气噪声、轮胎噪声、制动噪声和传动系统噪声等。车外噪声主要影响车外道路两旁的声学环境。

（2）车内噪声。

车内噪声是指车厢外的汽车各部分噪声通过各种声学途径传入车内的那部分噪声，以及汽车各部分振动通过各种振动路径传递并激发车身板件的结构，使振动向车厢内辐射的噪声。这些噪声声波在车内空间声学特性的制约下，生成较为复杂的混响声场，从而形成车内噪声。车内噪声主要影响车内的声学环境。

2. 根据汽车噪声产生的过程划分

（1）发动机噪声。

①燃烧噪声。

燃烧噪声是由于气缸内周期性变化的气体压力的作用而产生的噪声。主要表现为气体燃烧时急剧上升的气缸压力通过活塞、连杆、曲轴缸体及缸盖等引起发动机结构表面振动而辐射出来的噪声。压力升高率是影响燃烧噪声的根本因素。因而，燃烧噪声主要集中于速燃期，其次是缓燃期。柴油机由于压缩比高，压力升高率过大，故其燃烧噪声比汽油机高得多。

②机械噪声。

机械噪声是由于气体压力及机件的惯性作用，使相对运动零件之间产生撞击和振动而形成的噪声。主要包括活塞连杆组噪声（活塞、连杆、曲轴等运动件撞击气缸体产生的噪声）、配气机构噪声、齿轮机构噪声等。

③进、排气噪声。

进、排气噪声是由于发动机在进、排气过程中的气体压力波动和高速气体流动所引起的振动而产生的噪声。进、排气噪声的强弱受发动机转速和负荷影响较大。随着发动机转速的增加，进气噪声增大，负荷对进气噪声影响较小，空负荷比满负荷增加的比率更大些。

④风扇噪声。

风扇噪声是由旋转噪声和涡流噪声所组成的。旋转噪声是由于风扇旋转时叶片切割空气，引起空气振动所产生的。涡流噪声是由于风扇旋转时叶片周围产生的空气涡流造成的。影响风扇噪声的主要因素是风扇转速以及部分机械噪声。

（2）传动机构噪声。

①变速器噪声。

变速器噪声主要是由齿轮啮合和振动引起的，此外还包括轴承运转声、润滑油搅拌声、发动机振动传至变速器箱而辐射的噪声等。提高齿轮加工精度，选择合适的齿轮材料，设计固有振动频率高、密封性好、隔声性强的变速器箱等均可减小变速器噪声。

②传动轴噪声。

传动轴噪声主要是由汽车行驶中传动轴发出的周期性响声，且车速越高响声越严重，甚至引起车身发生抖动、驾驶员握转向盘的手有麻木感，这是由于传动轴变形、轴承松旷及装配不良等原因造成的。提高装配精度，检查平衡片有无脱落，避免超速行驶，可减小传动轴噪声。

③驱动桥噪声。

驱动桥噪声是指汽车行驶时车后部发出的较大的响声，且车速越高响声越大，主要是由于齿轮间隙不合适、齿轮装配不当、轴承调整不当等原因造成的。

（3）制动噪声。

制动噪声是汽车制动过程中由制动器摩擦引起制动器等部件振动而发出的声响，通常称为制动尖叫声。特别是制动器由热态转为冷态时更容易产生这种噪声。鼓式制动器比盘式制动器产生的噪声大。通常发生在制动蹄摩擦片端部和根部与制动鼓接触的情况下。其噪声大小取决于制动蹄摩擦片长度方向上的压力分布规律，还受制动系统及零部件刚度的影响。

（4）轮胎噪声。

①轮胎与道路摩擦噪声。

轮胎与道路摩擦噪声是轮胎和路面相互作用而产生的噪声。汽车行驶时，轮胎接地部分胎面花纹沟槽内的空气和路面的微小凹凸与地面间的空气，在轮胎离开地面时，受到一种类似于泵的挤压作用引起周围空气压力变化从而产生噪声。

②弹性振动噪声。

弹性振动噪声是由于轮胎不平衡、胎面花纹刚度变化或路面凹凸不平等原因激发胎体振动而产生的噪声。

③轮胎旋转时搅动空气引起的风噪声。

影响轮胎噪声的因素主要有轮胎花纹、车速及负荷、轮胎气压、装配情况、轮胎磨损程度、路面状况等。

引导问题2：汽车噪声的评价指标有哪些？

1. 噪声的频谱

人耳可以听到的声音频率，大致为20~20 000 Hz。频率越高，声音就越尖锐；频率越低，声音就越低沉。例如，打鼓的声音频率在100 Hz左右；人讲话的基准音区在64~523 Hz；高音和乐器的声音在100~4 000 Hz；尖叫的声音可能超过4 000 Hz。低于20 Hz的声音称为次声，高于20 000 Hz的声音称为超声，都是人耳听不到的声音。

2. 噪声的声压

声压是声学中表示声音强弱的指标。当声音在空气中传播时，引起空气压力的起伏变化，这个压力的变化量称为声压，声音越大，声压也越大。声压的单位与压力单位相同，即帕斯卡（Pa）。正常人耳刚刚能听到的声压（称为听阈声压）是 2×10^{-5} Pa；刚刚使人耳产生疼痛感觉的声压（痛阈声压）是 20 Pa，痛阈声压是听阈声压的 100×10^4 倍。

3. 噪声的声压级

声压级相同的声音，频率不同时，听起来并不一样响；相反，不同频率的声音，虽然声压级也不同，但有时听起来却一样响。因此，用声压级测定的声音强弱与人们的生理感觉往往不一样。因而，对噪声的评价常采用与人耳生理感觉相适应的指标。

为了模拟人耳在不同频率有不同的灵敏性，在声级计内设有一种能够模拟人耳的听觉特性，把电信号修正为与听觉近似值的网络，这种网络称作计权网络。通过计权网络测得的声压级，不再是客观物理量的声压级，而是经过听感修正的声压级，称作计权声级或噪声级。

国际电工委员会（IEC）对声学仪器规定了A、B、C等几种国际标准频率计权网络，它们是参考国际等响曲线而设计的。由于A计权网络的特性曲线接近人耳的听感特性，故目前普遍采用A计权网络对噪声进行测量和评价，记作dB（A）。

引导问题3：我国汽车噪声检测的标准是什么？

GB 1495—2020《汽车加速行驶车外噪声限值及测量方法》对车外最大噪声级及其测量方法做了新规定。汽车加速行驶车外噪声形式检验限值新版（2020年）与旧版（2016年）比较，汽车加速行驶时，其车外最大噪声级不应超过图8-22所示的规定限值。其中，GVM为最大总质量（t），P为发动机额定功率（kW）。

说明：自2020年7月1日起，所有销售和注册登记的汽车应符合本标准第三阶段要求；
自2023年7月1日起，所有销售和注册登记的汽车应符合本标准第四阶段要求。

学习任务 8　检测汽车环保性能

汽车分类 数值单位/t		新版 噪声限值/dB（A）		汽车分类 数值单位/t		旧版 噪声限值/dB（A）	
		第三阶段	第四阶段			第一阶段	第二阶段
M₁	GVM≤2.5[a,b]	72	71	M₁	GVM≤1	77	74
	GVM>2.5[c,d]	73	72				
M₂	GVM≤3.5	74	73	M₂	GVM≤2	78	76
	GVM>3.5	76	75		2<GVM≤3.5	79	77
M₃	GVM≤7.5	78	77	M₃	M₂(3.5<GVM≤12) M₃(GVM>5)		
	7.5<GVM≤12	80	79		P<150	82	80
	GVM>12	81	80		P≥150	85	83
N₁	GVM≤2.5	73	72	N₁	GVM≤2	78	76
	GVM>2.5	74	73		2<GVM≤3.5	79	77
N₂	GVM≤7.5	78	77	N₂	N₂(3.5<GVM≤12) N₃(GVM>12)		
	GVM>7.5	79	78		P<75	83	81
N₃	GVM≤17	81	80	N₃	75<P≤150	86	83
	GVM>17[g]	82	81		P>150	88	84

图 8-22　汽车加速行驶车外噪声形式检验限值比较

引导问题 4：用什么仪器检测汽车噪声？它是怎么工作的？

1. 声级计概述

在汽车噪声的测量方法中，国家标准规定使用的仪器是声级计。声级计是一种能把噪声以近似于人耳听觉特性进行测定的噪声级仪器，可以用来检测机动车的行驶噪声、排气噪声和喇叭声音响度级。

普通声级计如图 8-23 所示。

2. 声级计工作原理

声级计一般由传声器、前置放大器、衰减器、计权网络、检波器、数字显示器等组成。其结构原理图如图 8-24 所示，各个部分功能如下：

图 8-23　普通声级计

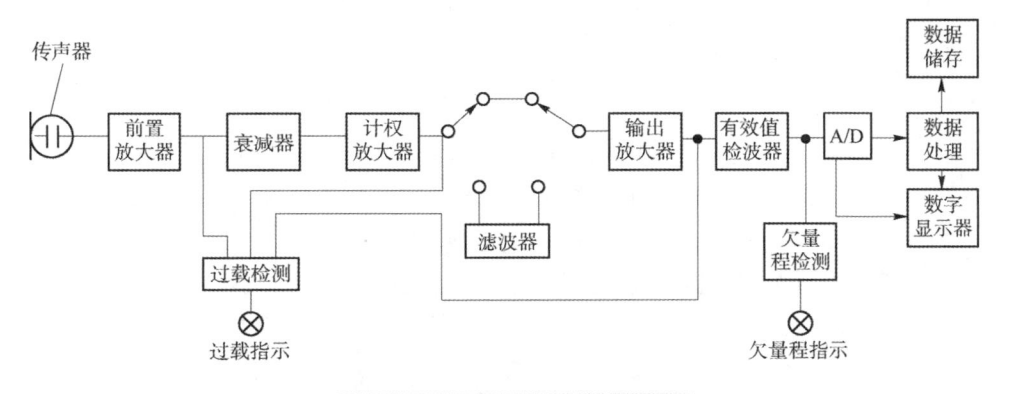

图 8-24 声级计结构原理图

（1）传声器：也称话筒或麦克风，是将声压信号（机械能）转变为电信号（电能）的传感器，是声级计中的关键元器件之一。

（2）前置放大器：放大器是将传声器输出的微弱电压信号放大，以满足指示仪器的需要。其工作原理与结构和一般通用的放大器基本相似。

（3）衰减器：输入衰减器和输出衰减器是用来改变输入信号衰减量和输出信号衰减量的，以便使表头指针指在适当的位置上。

（4）计权网络：为了模拟人耳听觉在不同频率上有不同的灵敏性，在声级计内设有一种能够模拟人耳的听觉特性，把电信号修正为与听感近似值的网络，这种网络叫作计权网络。

（5）检波电路：也称有效值检波电路，它能使仪表的指示值与信号中各频率成分的声能按一定的比例关系显示出来。

（6）A/D 转换器：模拟信号 / 数字信号转换。

（7）数字显示器：检测过程数据的显示。

声级计工作原理：测试电容传声器将被测声信号转换成电信号，经前置放大器阻抗变换后，经过衰减和放大，再经频率计权和滤波，再由检波电路（通常为对数有效值检波电路）将交流信号转换为直流信号，经 A/D 转换和数据处理电路，一方面由数字显示器显示声压级测量结果；另一方面将测量数据送给数据存储电路。

引导问题 5：汽车噪声检测的类型和方法是什么？

检测汽车噪声主要检测汽车定置噪声、加速行驶噪声、车内噪声和喇叭声级等。

1. 检测汽车定置噪声

汽车定置噪声是指车辆不行驶，发动机处于空载运行状态时的噪声。检测汽车定置噪声按 GB 1495—2020《汽车加速行驶车外噪声限值及测量方法》的规定进行。图 8-25 所示为检测场地和测试区以及传声器的布置位置。

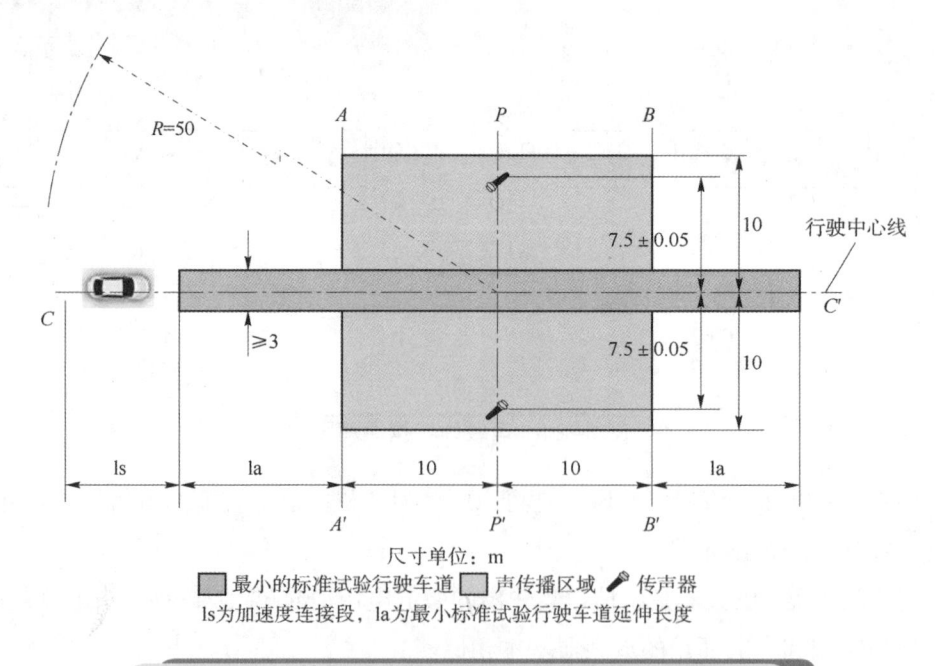

图 8-25 检测场地和测试区以及传声器的布置位置

说明：2020 年 7 月 1 日及以后，使用的测量场地应满足 ISO 10844：2014 标准。

（1）测量仪器应采用精密声级计。

（2）测量场地应为开阔的、由混凝土和沥青等坚硬材料构筑的平坦地面，其边缘距被检测车辆外廓至少 3 m。除检测人员和驾驶员外，检测现场不得有影响测量的其他人员。

（3）背景噪声应比所测车辆噪声至少低 10 dB（A）。背景噪声是指测量对象噪声不存在时，周围环境的噪声。

（4）检测时，车辆怠速，变速器置于空挡，拉起驻车制动器，离合器处于接合状态。

2. 检测汽车加速行驶噪声

检测汽车加速行驶噪声按 GB 1495—2020《汽车加速行驶车外噪声限值及测量方法》的规定进行。图 8-26 所示为汽车加速与匀速行驶噪声检测场地与方法示意图。

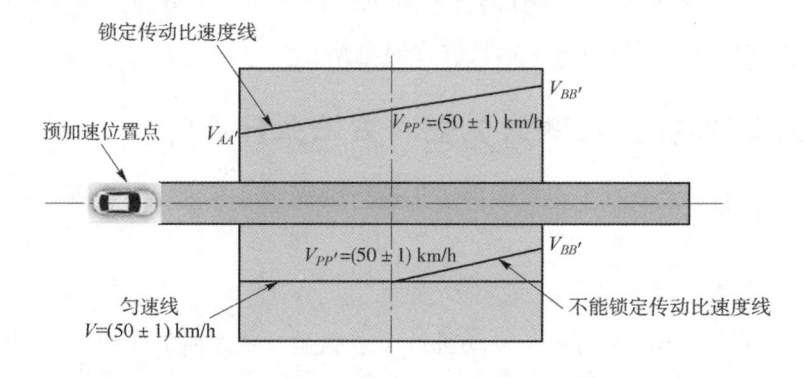

图 8-26 汽车加速与匀速行驶噪声检测场地与方法示意图

3. 检测车内噪声

车内噪声的测量可按 GB 1495—2020《汽车加速行驶车外噪声限值及测量方法》的规定执行。车内噪声检测点位置如图 8-27 所示。

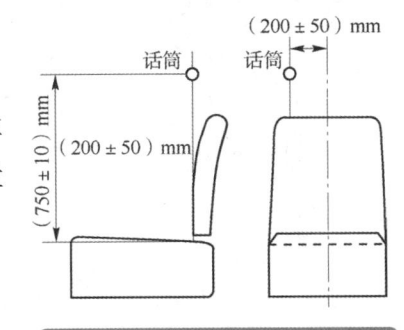

4. 检测汽车喇叭声级

图 8-27 车内噪声测点位置

为了使汽车喇叭起到警示作用,喇叭声级不能过低;但为了减少喇叭噪声对城市环境的影响,喇叭声级又不能过高,因此应适当控制汽车喇叭声级。

检测汽车喇叭声级时,应将声级计置于距汽车前 2 m、离地高 1.2 m 处,其话筒朝向汽车,轴线与汽车纵轴线平行,如图 8-28 所示。在这种情况下测得的喇叭声级应在 90~115 dB(A)。

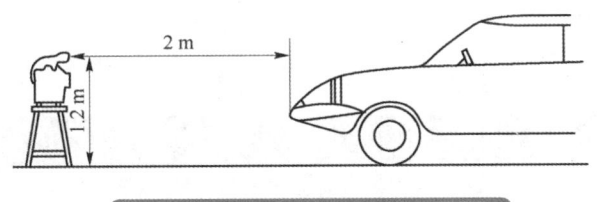

图 8-28 喇叭噪声检测位置方法

二、实施作业

引导问题 6:实施汽车喇叭噪声检测需要哪些工具、设备和材料?

(1)工具:声级计、大气压力表、湿度计;
(2)设备:雪佛兰科鲁兹轿车;
(3)防护用品:翼子板布、前格栅布、车辆防护五件套等。

引导问题 7:该怎样检测汽车喇叭噪声呢?

1. 检测前准备工作

(1)安装及检查声级计。

①测量汽车喇叭声级时,应将声级计置于距汽车前 2 m、离地高 1.2 m 处,其话筒朝向汽车,轴线与汽车纵轴线平行,如图 8-28 所示。

②打开电池盖板,按电极正负正确放入电池,扣好电池盖板。

③将按键置于"开"位置,接通电源,检查电池电压,如显示屏显示电压充足,仪器即可用于测量,否则应更换电池。

学习任务 8　检测汽车环保性能

（2）被检测车辆的准备。

①轮胎气压应符合汽车制造厂的规定，汽车各系统在正常状态。

②车辆停在检测工位上，关闭发动机，拉起驻车制动器。

2. 检测流程

（1）当检测线 LED 显示屏出现"喇叭检测"指令时，被检测车辆沿地面引车线缓慢向前行驶，调整车辆停车位置。

（2）待 LED 显示屏显示"按下喇叭 3 秒钟"指令时，驾驶员按下汽车喇叭，持续约 5 s。一般需要检测两次，两次数值均不超过上限。

（3）LED 显示屏显示喇叭声级检测结果后，检测结束。

3. 检测结果记录与分析

喇叭声级应在 90~115 dB（A）。其他数值时，均需对喇叭进行调整或更换。

评价指标	检测数值 1	检测数值 2	是否合格
喇叭噪声 /dB			□是　□否

4. 总结评估

请根据自己任务完成的情况，对自己的工作进行自我评估，总结工作中遇到的问题或出现的情况，并提出改进意见。

三、评价反馈

对本学习任务进行评价，填写表 8-3。

表 8-3　评分表

考核项目	评分标准	分数	学生自评	小组评价	教师评价	小计
活动参与	是否积极主动	5				
安全生产	有无安全隐患	10				
现场"5S"	是否做到	10				
任务方案	是否合理	15				
操作过程	1. 是否能正确查阅到信息，并填写信息； 2. 是否熟练完成喇叭噪声检测并读取检测结果； 3. 是否能根据检测结果，确定喇叭噪声是否合格； 4. 是否能熟练完成喇叭的维修调整或更换	30				
任务完成情况	是否圆满完成	5				
工具和设备使用	是否规范地使用设备及工具	10				
劳动纪律	是否违反	10				
工单填写	是否完整、规范	5				
总分		100				
教师签名：			年　　月　　日			得分

四、学习拓展

1. 关于汽车的噪声应该采取哪些控制措施呢？请你查阅资料，完成这些控制采取的措施。

（1）燃烧噪声控制：_____

_____

（2）发动机机械噪声控制：_____

_____

（3）风扇噪声控制：_____

_____

（4）进气噪声控制：_____

（5）排气噪声控制：_____

_____

（6）发动机液体动力噪声控制：_____

_____

（7）齿轮噪声控制：_____

_____

（8）轴承噪声控制：_____

_____

（9）传动轴噪声控制：_____

_____

（10）轮胎噪声控制：_____

_____

（11）车身噪声控制：_____

_____

参考文献

［1］王卫兵，郑广军，薛玉荣．汽车使用性能与检测［M］．长春：东北师范大学出版社，2012．

［2］杨益明，郭彬．汽车使用性能与检测［M］．北京：人民交通出版社，2015．

［3］GB 7258—2017 机动车运行安全技术条件．

［4］GB/T 17993—2017 汽车综合性能检验机构能力的通用要求．

［5］GB/T 18344—2016 汽车维护、检测、诊断技术规范．